家畜外科手术彩色图解

（扫码看视频）

李建基　王　亨　主编

化学工业出版社
·北　京·

图书在版编目（CIP）数据

家畜外科手术彩色图解：扫码看视频/李建基，王亨主编.—北京：化学工业出版社，2023.4（2023.7重印）

ISBN 978-7-122-42941-4

Ⅰ.① 家…　Ⅱ.① 李…　② 王…　Ⅲ.① 家畜-动物疾病-外科手术-图解　Ⅳ.① S857.12-64

中国国家版本馆CIP数据核字（2023）第023300号

责任编辑：邵桂林
责任校对：宋　玮

文字编辑：朱丽秀　李娇娇
装帧设计：溢思视觉设计／李申

出版发行：化学工业出版社（北京市东城区青年湖南街13号　邮政编码100011）
印　　装：盛大（天津）印刷有限公司
787mm×1092mm　1/16　印张13$\frac{1}{2}$　字数　259千字　2023年7月北京第1版第2次印刷

购书咨询：010-64518888
网　　址：http://www.cip.com.cn

售后服务：010-64518899

编写人员名单

主　　编　李建基　王　亨

副 主 编　董俊升　李　俊　崔璐莹

编写人员（以姓氏笔画为序）：

马卫明　山东农业大学

马玉忠　河北农业大学

王　亨　扬州大学

包喜军　公安部南京警犬研究所

毕崇亮　临沂大学

刘　云　东北农业大学

刘俊栋　江苏农牧科技职业学院

闫振贵　山东农业大学

李　玲　江苏农牧科技职业学院

李　俊　扬州大学

李建军　天津农学院

李建基　扬州大学

孟　霞　扬州大学

邵春艳　浙江农林大学

邱昌伟　华中农业大学

崔璐莹　扬州大学

董俊升　扬州大学

董　婧　沈阳农业大学

韩春杨　安徽农业大学

绘　　图　禹翠爱　扬州大学

摄　　像　王　亨

手术操作　李建基、王　亨、李　俊、
　　　　　熊文斌、郭　龙、王志浩

剪辑与制作　董俊升、袁长宁

解　　说　邵新宇

  本书是在笔者主编《兽医临床外科诊疗技术及图解》（上册）基础上将改编的文字、图片与视频融于一体的兽医临床手术实践参考书，重点介绍家畜（牛、猪、羊）疾病的手术诊疗技术。首先对各种动物共用的外科基本知识与操作技术做了介绍，然后对兽医临床常见疾病的手术方法以文字与图片的形式做了较详细的叙述；针对有代表性的一些手术操作方法以视频的方式进行了讲解。其中，一些图片和视频以示教的形式呈现，着重介绍方法，特意分解操作，例如，有些结扣没有拉紧、缝合没有密闭，以便读者了解操作方法。

  全书内容以动物疾病的外科手术诊疗技术为主干，突出手术操作的要点，且侧重于教学和实践。文字、图片和视频的有机结合使其更具实用性与直观性，这有助于提高教学与学习的效率。本书是动物医学专业学生和临床兽医工作者学习和规范实践操作的工具书，也是国家执业兽医资格考试应试人员的复习参考书。

  在编写、采集图片和录制视频过程中，刘康军、郭龙、王志浩、袁长宁、邵新宇、吴艳菊、王培莉等同学提供了帮助，北京加佳农生物科技有限公司王连江提供了修奶牛蹄操作技术的录像资料，在此一并表示感谢！

  尽管我们做了许多努力，但由于水平所限，疏漏之处在所难免，敬请广大读者批评指正！

李建基

2023年1月于扬州大学

第一章　外科手术基础知识

第二章　体表软组织损伤治疗

第三章　头颈部及胸部疾病手术

第四章　腹疝手术

第五章　胃肠疾病手术

第六章 泌尿生殖器官疾病手术

第七章　四肢疾病手术

家畜外科手术彩色图解　**视频目录**

第一章　外科手术基础知识

第一节　手术基本操作

一、灭菌与消毒

（一）手术器械、手术用品的灭菌与消毒

常用的基本手术器械有手术刀、手术剪、手术镊、止血钳、持针钳、缝针、创巾钳、肠钳、牵开器和拉钩等。手术用品包括手术衣、手术帽、口罩、乳胶手套、创巾、纱布和缝线等。常用的消毒方法是热力消毒法和化学药物消毒法。

（1）煮沸灭菌法　广泛应用于手术器械和常用物品的消毒。一般用自来水加热，水沸后3～5分钟将器械、物品放到煮锅内，待第二次水沸时计算时间，15分钟可将一般的细菌杀死，但不能杀灭芽孢。对怀疑污染细菌芽孢的器械或物品，必须煮沸60分钟以上。

（2）高压蒸汽灭菌法　灭菌原理是利用蒸汽在容器内积聚产生的压力，蒸汽压大约为0.1～0.137兆帕，温度可达121.6～126.6℃，维持30分钟左右，能杀灭所有的细菌和芽孢。

（3）化学消毒法　临床上常用的消毒方法有以下几种。

①新洁尔灭浸泡法：0.1%新洁尔灭溶液，常用于消毒手臂和其他可以浸湿的用品。器械，浸泡30分钟，不再用水冲洗，可直接应用，对组织无损害。稀释后的水溶液可以长时间贮存，但贮存一般不超过4个月。浸泡器械时为防止生锈，可按比例加入0.5%的亚硝酸钠。环境中的有机物会使新洁尔灭的消毒能力显著下降，故应用时需注意不可带有血污或其他有机物；不可与肥皂、碘酊、高锰酸钾和碱类药物混合应用。

②酒精浸泡法：一般采用70%酒精，可用于浸泡器械，特别是有刃的器械，浸泡时间不少于30分钟。

（二）手术人员的消毒

（1）更衣　在术前穿着清洁的衣服，戴好手术帽和口罩。手术帽应把头发全部遮住，帽的下缘达眉毛上方和耳根顶端，或遮盖住眉毛与耳郭。口罩完全遮住口和鼻，戴眼镜的人员为了避免因呼吸的水汽使镜片模糊，可将口罩的上缘用胶布贴在面部，或是在镜片上涂抹薄层肥皂（用干布擦干净）。

（2）**手臂的清洗与消毒** 手臂用肥皂、毛刷反复擦刷，并用流水充分冲洗。按指甲缝、手指端、指间、手掌、掌背、腕背、前臂、肘部及以上顺序擦刷，刷洗5～10分钟，然后用流水将肥皂沫充分洗去。

将擦刷过的手、臂拭干浸泡在70%酒精或0.1%新洁尔灭溶液或洗必泰溶液或7.5%碘伏（或0.75%聚乙烯酮碘）溶液，浸泡5分钟。用酒精浸泡消毒时浸泡后用2%碘酊涂擦指甲缘、指端后，再用70%酒精脱碘，然后穿手术衣和戴灭菌手套；用新洁尔灭或洗必泰浸泡消毒后的手臂，可自然干燥后穿手术衣。用碘伏消毒时，需要连续浸泡两次，然后自然干燥后穿手术衣。穿手术衣时用两手拎起衣领部，放于胸前将衣服向上抖动，双手趁机伸入上衣的两衣袖内，助手协助手术人员在背后系好衣带，然后再戴灭菌手套（图1-1、图1-2）。双手放在胸前略微举起，妥善保护手臂，准备进行手术（图1-3，视频1-1）。

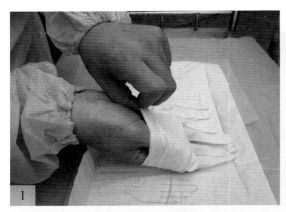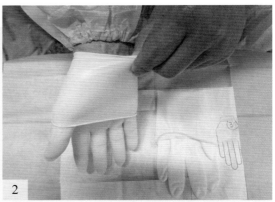

图1-1　右手戴手套

1—外翻手套的掌部，用左手指捏住手套的内面；
2——边套入右手一边移动左手，直到右手指进入手套为止

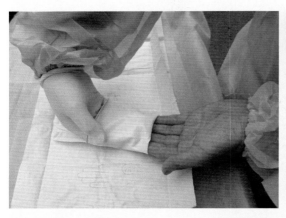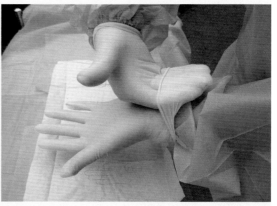

图1-2　左手戴手套

右手伸入外翻的手套间隙内，在不接触左手手套内面与左手皮肤的情况下，将手套套在左手上

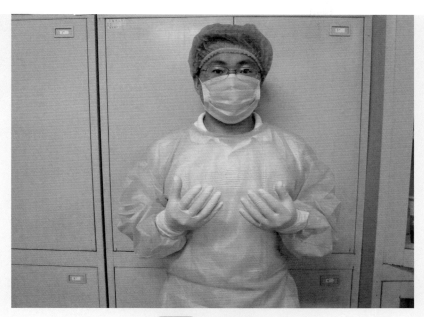

图1-3 术者的隔离

（三）患病动物的消毒

（1）术部除毛　手术前用肥皂水刷洗术部及周围大面积的被毛，然后用剃毛刀剃毛。体表清洁的动物，可用电动理发剪剪短被毛，然后再用剃毛刀除去残留的毛。剃毛的范围要超出切口周围20～25cm，小动物可为10～15cm。剃毛后，用肥皂反复擦刷并用清水冲净，最后用灭菌纱布拭干（图1-4）。

（2）术部消毒　术部的皮肤消毒，常用的药物是2%~5%碘酊、5%~7.5%碘伏和70%~75%酒精。在消毒时若为无菌手术，应由手术区中心部向四周涂擦；若是已感染的创口，则应由较清洁的四周向患处涂擦。碘酊消毒后稍待片刻，再以70%酒精将碘酊擦去，以免碘被带入创内刺激组织（图1-5）。

对口腔、鼻腔、阴道、肛门等处的黏膜消毒不可使用碘酊，可用0.1%新洁尔灭或高锰酸钾溶液；眼结膜多用2%～4%硼酸溶液消毒；蹄部手术时用2%煤酚皂溶液做蹄浴。

（3）术部隔离　采用大块有孔手术巾覆盖手术区，仅在中间露出切口部位，使术部与周围完全隔离。在全身麻醉下进行手术时，可用四块大布单隔离术部（图1-6）；皮肤切开后，用两块小布单隔离皮肤创缘。

视频1-1

手术人员的术前消毒

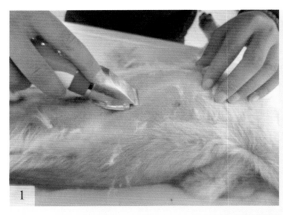

图1-4 剃毛法

1—电剃毛剪剪短被毛；2—用肥皂水清洗后用剃毛刀刮去被毛，再次用肥皂水清洗后、擦干

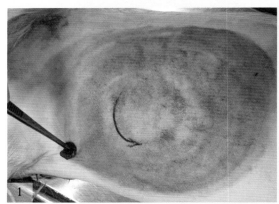
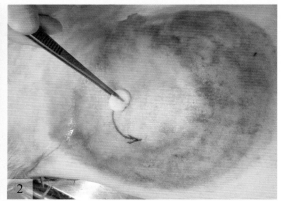

图1-5 术部消毒法

1—自术部中心向周围涂擦消毒；2—用酒精棉球自中心开始脱碘

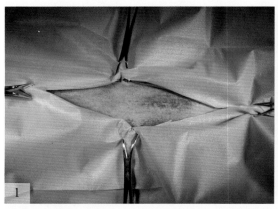
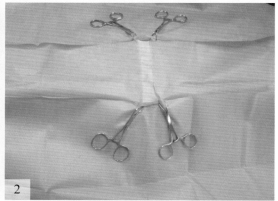

图1-6 术部隔离法

1—有孔创巾隔离法；2—四块创巾隔离法

二、常用外科手术器械的使用

熟练地掌握手术器械的使用方法，对保证手术基本操作的正确性有很大影响，是外科手术的基本功。

（一）常用的基本手术器械

手术刀、手术剪、手术镊、止血钳、持针钳、缝针、创巾钳、肠钳、牵开器、有沟探针等，现分述如下。

（1）手术刀 由刀柄和刀片两部分构成。刀片和刀柄有不同的规格，常用的刀柄规格为4号、6号、8号，这三种型号刀柄安装19号、20号、21号、22号、23号、24号大刀片；3号、5号、7号刀柄安装10号、11号、12号、15号小刀片。按刀刃的形状可分为圆刃手术刀、尖刃手术刀和弯形尖刃手术刀等。根据不同的需要，执刀的姿势和力量有下列几种。

①指压式：为常用的一种执刀法。以手指按刀背后1/3处，用腕与手指力量切割（图1-7）。适用于切开皮肤、腹膜及切断钳夹的组织。

②执笔式：类似于执钢笔。动作主要在腕部，力量主要在手指（图1-8），适用于小力量短距离精细操作，用于切割短小切口，分离血管、神经等。

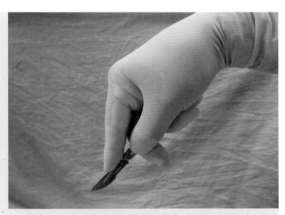

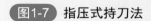
图1-7 指压式持刀法

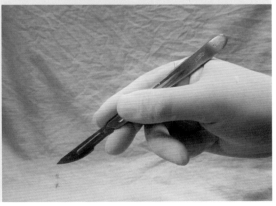

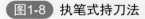
图1-8 执笔式持刀法

③全握式：力量在手腕（图1-9），用于范围广、用力较大的切开，如切开较长的皮肤切口、筋膜、慢性增生组织等。

④反挑式：刀刃刺入组织内由内向外挑开组织（图1-10），以免损伤深部组织，如切开腹膜，避免损伤内脏。

执手术刀的方式见视频1-2。

（2）止血钳　用于夹住出血部位的血管或出血点，以达到直接钳夹止血的目的，有时也用于分离组织、牵引缝线。止血钳一般有弯、直钳两种，大小不一。直钳用于浅表组织的止血，弯钳用于深部止血。小型号的蚊式止血钳，用于眼科及精细组织的止血。用于血管手术的止血钳，齿槽的齿较细、较浅，弹力较好，对组织压榨作用和对血管壁及其内膜的损伤亦较轻，称"无损伤血管钳"。止血钳尖端带齿者，叫有齿止血钳，多用于夹持较厚的坚韧组织，如骨组织的止血。

执止血钳的方式与手术剪相同（图1-11）。松钳方法：用右手时，将拇指及第四指插入柄环内捏紧使锁扣分开，再将拇指内旋即可；用左手松钳时，拇指及食指持一柄环，第三、四指顶住另一柄环，二者相对用力，即可松开（图1-12）。

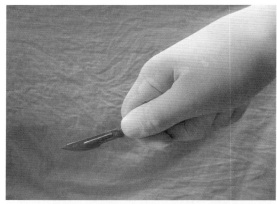

图1-9　全握式持刀法

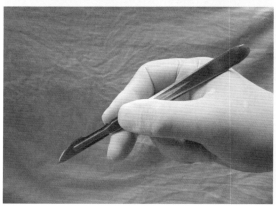

图1-10　反挑式持刀法

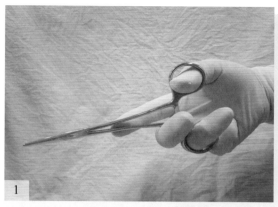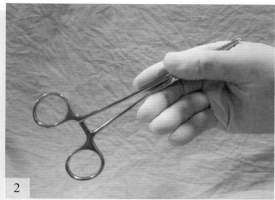

图1-11 止血钳的使用与传递方法

1—持止血钳的方法；2—传递止血钳的方法

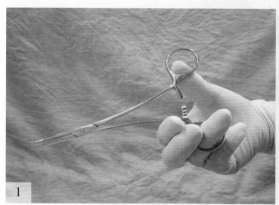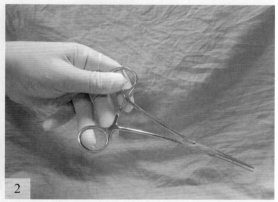

图1-12 松止血钳的方法

1—右手松钳法；2—左手松钳法

（3）**手术镊** 镊的尖端分有齿及无齿（平镊），又有短型、长型、尖头与钝头之别，可按需要选择。有齿镊损伤性大，用于夹持坚硬组织。无齿镊损伤性小，用于夹持脆弱的组织及脏器。精细的尖头平镊对组织损伤较轻，用于血管、神经、黏膜手术。手术镊是用拇指、食指和中指执拿（图1-13）。

（4）**手术剪** 组织剪分大小、长短和弯直几种，直剪用于浅部手术操作，弯剪用于深部组织分离。执剪法是以拇指和第四指插入剪柄的两环内，食指轻压在剪柄和剪刀交界的关节处，中指放在第四指环的前外方柄上，准确地控制剪的方向和剪开的长度（图1-14）。

（5）**持针钳** 或称持针器，用于夹持缝针缝合组织。使用持针钳夹持缝针时，缝针应夹在靠近持针钳尖端的前1/3。一般应夹在缝针的针尾1/3处，缝线应重叠1/3，以便操作（图1-15）。

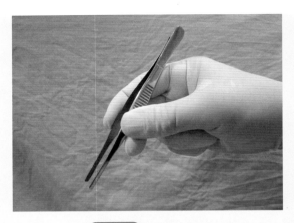

图1-13 持手术镊法

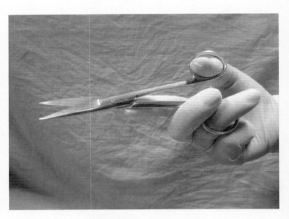

图1-14 持手术剪法

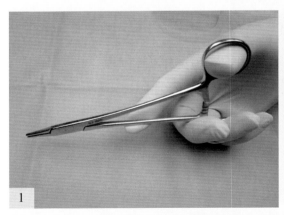 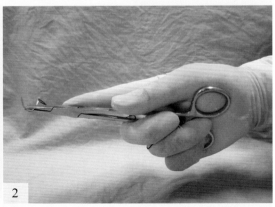

图1-15 持针钳与缝针的执持方法

1—指持法；2—握持法

（6）缝合针　主要用于闭合组织或贯穿结扎。缝合针分为两种类型，一是带线缝合针或称无孔缝合针：缝线已包在针尾部，针尾较细，仅单股缝线穿过组织，缝合孔道小，对组织损伤小，又称为"无损伤缝针"。多用于血管、肠管缝合。另一是有孔缝合针，这种缝合针能多次再利用。有孔缝合针以针孔不同分为两种。一种为穿线孔缝合针，缝线由针孔穿进；另一种为弹机孔缝合针，针孔有裂槽，缝线由裂槽压入针孔内。

缝合针规格分为直型、1/2弧型、3/8弧型和半弯型。缝合针尖端分为圆锥形和三角形。三角形针有锐利的刃缘，能穿过较厚较致密组织。直型圆针用于缝合可充分显露的组织，如用于胃肠、子宫、膀胱等脏器的缝合，用手指直接持针操作；弯针需用持针器操作（图1-16、图1-17）。

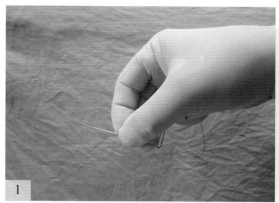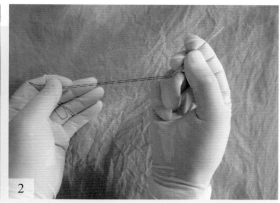

图1-16　直针的手持与传递方法
1—手持直针法；2—传递直针的方法

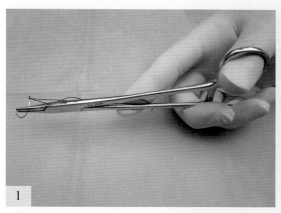

图1-17　弯针的夹持与传递方法
1—夹持弯针；2—传递持针钳与弯针

（7）牵开器　或称拉钩，用于牵开术部表面组织，加强深部组织的显露，以利于手术操作。根据需要有各种不同的类型，可分为手持牵开器和固定牵开器两种。

（8）巾钳　用以固定手术巾，使用时连同手术巾一起夹在皮肤上，防止手术巾移动。

（9）肠钳　用于肠管手术，以阻断肠内容物的移动、溢出或肠壁出血。

在实施手术时，手术器械须按照一定的方法传递。例如传递手术刀时，器械助手应握住刀柄与刀片衔接处的背部，将刀柄端送至术者手中（图1-18）。传递剪刀、止血钳、肠钳、持针钳等，器械助手应握住钳、剪的中部，将柄端递给术者。在传递直针时，应先穿好缝线，拿住缝针前部递给术者，术者取针时应握住针尾部，切不可将针尖传递给操作人员。

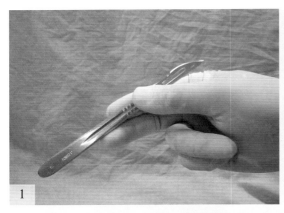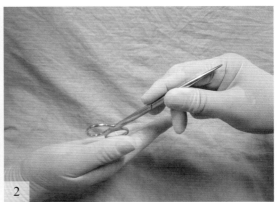

图1-18 手术刀与手术剪的传递方法

1—传递手术刀；2—传递手术剪

（二）高频电刀

高频电刀能够通过高频电的热作用切割组织和产生微凝固组织蛋白作用。

高频电刀只能用于切割浅表组织，不能做深层组织切割，因为深层组织切割时，电极易造成周围组织损伤。皮肤、筋膜应用高频电极切割时比较容易，而脂肪组织、皮下组织最好选择手术刀分离。肌肉组织切割避免应用低频电流，因为切割时容易产生肌肉收缩，出现不规则的切口。

用小球形电极直接触及小血管断端，或用止血夹夹住血管断端或用电极直接触及夹住血管断端的止血钳尖部，可以电凝止血。大于1mm直径的血管应该结扎，否则电凝效果不佳（图1-19）。

操作时，需使电极接触组织面积最小，触及组织后立即离开。延长凝固时间会增大组织破坏直径，增加术后感染的机会。血液和等渗电解质溶液能传播电极的电流，组织面不需要干燥，而需要适宜的湿度，可使用湿润海绵保持创面湿度。

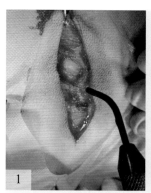

图1-19 高频电刀的切割与止血

1—电刀切割；2—对弥漫性出血用球形电凝器直接做电凝止血；3—钳夹小血管后电凝止血

三、组织的切开与分离

（1）锐性分离　用刀或剪刀进行。用刀分离时，以刀刃沿组织间隙做垂直的短距离切开（图1-20）。用剪刀时以剪刀尖端伸入组织间隙内，张开剪柄分离组织，在确定没有重要的血管、神经后，再予以剪断。锐性分离对组织损伤较小，术后反应也少，愈合较快，但必须熟悉解剖，在直视下辨明组织结构时进行。

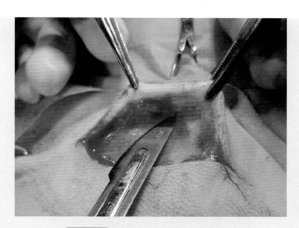

图1-20 用手术刀锐性分离法

（2）钝性分离　用刀柄、止血钳、剥离器或手指等进行（图1-21～图1-23）。方法是将这些器械或手指插入组织间隙内，用适当的力量分离周围组织。这种方法最适用于正常肌肉、筋膜和良性肿瘤等的分离。钝性分离时，组织损伤较重，往往残留许多失去活性的组织细胞。因此，术后组织反应较重，愈合较慢。在瘢痕较大、粘连过多或血管、神经丰富的部位，不宜采用。

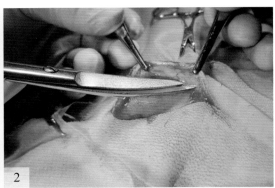

图1-21 用手术剪钝性分离法

1—手术剪插入组织内做钝性分离；2—剪断被钝性分离的组织或直接剪断组织

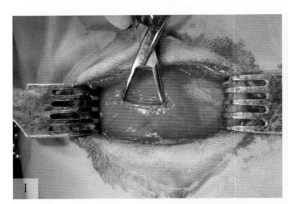

图1-22 用止血钳钝性分离法

1—单止血钳分离法；2—双止血钳分离法

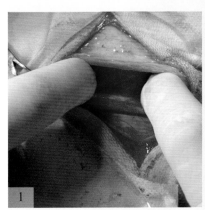
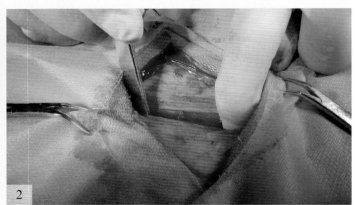

图1-23 用手指钝性分离法

1—手指分离法；2—刀柄配合手指分离法

分离组织方法见视频1-3。

（3）皮肤切开法　常用下列两种切开方法。

①紧张切开：皮肤的活动性较大，切皮时易造成皮肤和皮下组织切口不一致。由术者与助手用手在切口两旁或上、下将皮肤展开固定（图1-24），或由术者用拇指及食指在切口两旁将皮肤撑紧并固定，刀刃与皮肤垂直，用力均匀地一刀切开皮肤及皮下组织，必要时也可补充运刀，但要避免多次切割致重复刀痕和切口边缘参差不齐或出现锯齿状的切口。

视频1-3

分离组织的方法

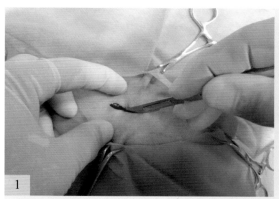
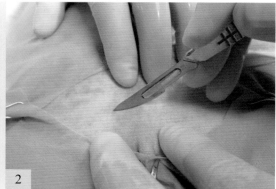

图1-24　皮肤紧张切开法

1—单手绷紧皮肤紧张切开法；2—双手绷紧皮肤紧张切开法

②皱襞切开：在切口的下面有大血管、大神经、分泌管和重要器官，而皮下组织较为疏松，为了使皮肤切口位置正确且不误伤其下部组织，术者和助手应在预定切线的两侧，用手指或镊子提拉皮肤呈垂直皱襞，并进行垂直切开（图1-25）。

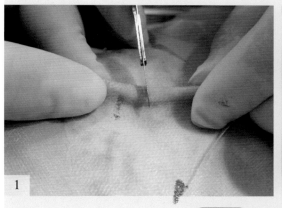
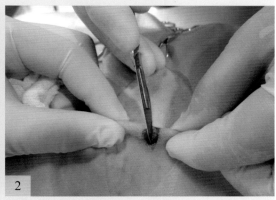

图1-25　皮肤皱襞切开法

1—提起皮肤，一次性切透皮肤；2—助手沿切口方向制作皮肤皱襞，以供术者继续切割

视频1-4
切开皮肤的方法

切开皮肤的方法见视频1-4。

（4）皮下组织及其他组织的分离　切开皮肤后，组织的分割宜用逐层切开的方法，以便识别组织，减少或避免对大血管、大神经的损伤。

①皮下疏松结缔组织的分离：皮下结缔组织内分布有许多小血管，故多用钝性分离。方法是先将组织刺破，再用手术刀柄、止血钳或手指进行剥离。

②筋膜和腱膜的分离：用刀在其中央做一小切口，然后用弯止血钳在此切口上、下将筋膜下组织与筋膜分开，沿分开线剪开筋膜。筋膜的切口应与皮肤切口等长。若筋膜下有神经、血管，则用手术镊将筋膜提起，用反挑式执刀法做一小孔，经小切口伸入镊子，在其引导下切开。

③肌肉的分离：一般是沿肌纤维方向做钝性分离。方法是用刀柄、止血钳或手指顺肌纤维方向剥离，扩大到所需的长度，但在紧急情况下，或肌肉较厚并含有大量腱质时，为了使手术通路广阔和排液方便也可横断肌纤维。横过切口的血管可用止血钳钳夹，或用细线在两端结扎后从中间将血管切断。

④腹膜的分离：可用组织钳或止血钳提起腹膜做一小切口，利用食指和中指或有沟探针引导，再用手术刀或剪刀切开（剪开）腹膜（图1-26、图1-27）。

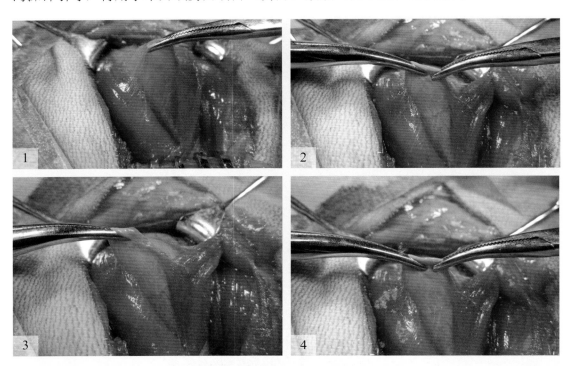

图1-26　腹膜切开法——夹持腹膜

1—用A止血钳夹起腹膜；2—在A止血钳附近用B止血钳夹起腹膜襞；3—松去A止血钳；4—在B止血钳附近用A止血钳再次夹起腹膜襞

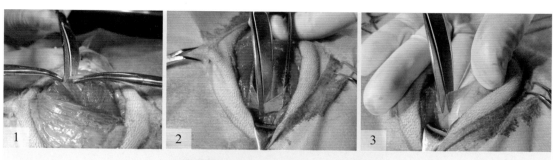

图1-27 腹膜切开法——剪开腹膜

1—在两把夹持腹膜的止血钳之间切开腹膜；2、3—用手术镊或两指做保护，在指间剪开腹膜

⑤胃肠的切开：肠管侧壁切开时，在大肠纵带或小肠对肠系膜侧纵行切开，并应避免损伤对侧肠管。胃切开时，先用手术刀刺一小口，然后用剪刀扩大切口至需要的长度（图1-28）。

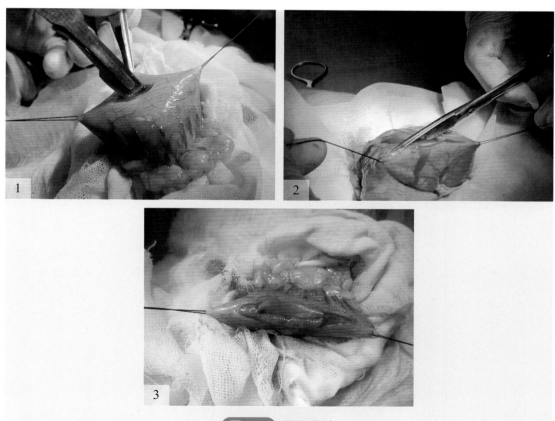

图1-28 胃切开法

1—在预切开线两端缝置牵引线，用手术刀刺透胃壁全层；2、3—用手术剪扩大切口

⑥良性肿瘤、放线菌病灶、囊肿及内脏粘连部分的分离，宜用钝性分离。分离的

方法是：对未机化的粘连可用手指或刀柄直接剥离；对已机化的致密组织，可先用手术刀切一小口，再用钝性剥离。剥离时手的主要动作应是前后方向或略施加压力于一侧，使较疏松或粘连较小部分自行分离，然后将手指伸入组织间隙，再逐步深入。在深部非直视下，手指左右大幅度的剥离动作易导致组织及脏器的严重撕裂或大出血，应少用或慎用。对某些不易钝性分离的组织，可将钝性分离与锐性分离结合使用，一般是用弯剪伸入组织间隙，将剪尖微张，轻轻向前推进、剥离。

（5）骨组织的分离　首先应分离骨膜，然后再分离骨组织。先用手术刀切开骨膜，然后用骨膜分离器分离骨膜。骨组织的分离一般是用骨剪剪断或骨锯锯断。骨的断端应使用骨锉锉平断端锐缘，并清除骨片。分离骨组织常用的器械有圆锯、线锯、骨钻、骨凿、骨钳、骨剪、骨匙及骨膜剥离器等。

四、常用的止血方法

手术中完善的止血，可以预防失血的危险和保证术部良好的显露。

①压迫止血：用纱布压迫出血的部位，并借以清除术部的血液。在毛细血管渗血和小血管出血时，如机体凝血机能正常，压迫片刻，出血即可自行停止。用温生理盐水、1%～2%麻黄素、0.1%肾上腺素、2%氯化钙溶液浸湿后拧干的纱布块做压迫止血，提高止血效果。

②钳夹止血：利用止血钳最前端夹住血管的断端（图1-29），钳夹方向应尽量与血管垂直，钳住的组织要少，切不可做大面积钳夹。

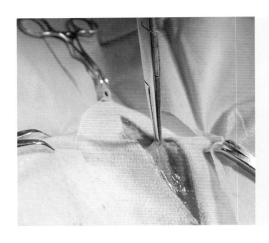

图1-29　钳夹止血法
钳夹出血的血管断端，尽量少夹附近的组织

③钳夹捻转止血：用止血钳夹住血管断端，捻转止血钳1～2周，轻轻去钳，则断端闭合止血（图1-30）。此法适用于小血管出血，如经钳夹捻转不能止血，应予以结扎。

④钳夹结扎止血是可靠的止血法，多用于明显而较大血管出血的止血。其方法有两种。

单纯结扎止血：用缝线绕过止血钳所夹住的血管及少量组织做结扎（图1-31）。在拉紧结扣的同时，由助手放开止血钳，使结扣收紧于被夹闭的血管。适用于一般部位的止血。

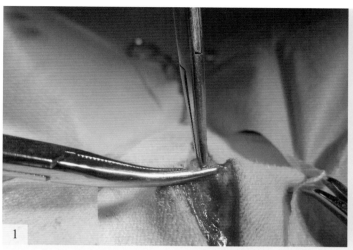
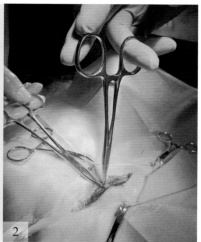

图1-30　钳夹捻转止血

1—钳夹出血的血管，然后在第一把止血钳下方再用一把止血钳钳夹血管断端；2—捻转第一把止血钳

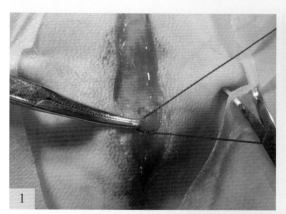
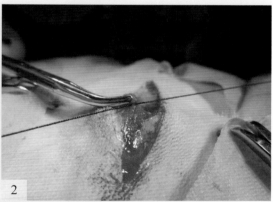
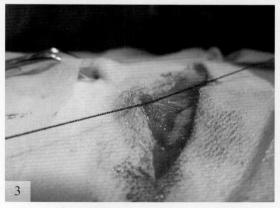

图1-31　钳夹结扎止血

1—钳夹出血点，用一短线缠绕出血处的组织；2—平放止血钳，钳尖微翘，打结；3—在收紧第一结

扣的同时松去止血钳，然后完成第二结扣

　　贯穿结扎止血：将结扎线用缝针穿过所钳夹组织后进行结扎。常用的方法有"8"字缝合贯穿结扎及单纯贯穿结扎（图1-32、图1-33）两种。贯穿结扎止血的优点是结扎线不易脱落，适用于大血管或重要部分的止血。

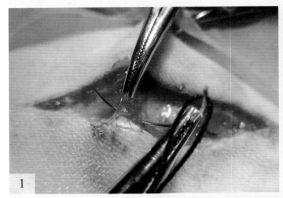 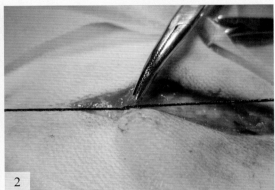

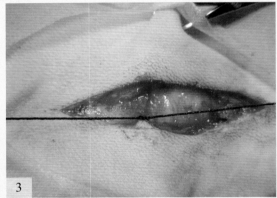

图1-32 单纯贯穿结扎止血

1—先钳夹出血点，然后在血管径路上做横向缝合；2、3—在收紧第一结扣的同时松去止血钳，然后完成第二结扣

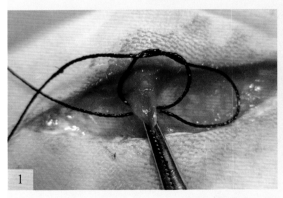 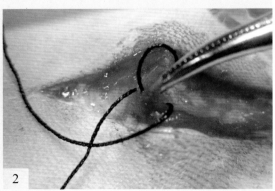

图1-33 "8"字缝合贯穿结扎法

1—重叠"8"字贯穿结扎法；2—平展"8"字贯穿结扎法

钳夹与钳夹结扎止血法见视频1-5。

⑤填塞止血：本法是在深部大量出血，一时找不到血管断端，钳夹或结扎止血困难时，用灭菌纱布紧塞于出血的创腔或解剖腔内，压迫血管断端以达到止血目的。在填入纱布时，必须将创腔填满，以便有足够的压力压迫血管断端。填塞止血留置的敷料通常是在12～48小时后取出。

⑥电凝止血：利用高频电流凝固组织达到止血目的。使用方法是用止血钳夹住血管断端，向上轻轻提起，擦干血液，将电凝器与止血钳接触，待局部发烟即可。电凝时间不宜过长，否则烧伤范围过大，影响切口愈合。在空腔脏器、大血管附近及皮肤等处不可用电凝止血，以免组织坏死，发生并发症。对较大的血管仍应以结扎止血为宜，以免发生继发性出血。

视频1-5
钳夹与钳夹结扎止血法

电凝止血见视频1-6。

⑦输血疗法是给病畜静脉内输入保持正常生理功能的同种属动物血液。给病畜输入血液可部分或全部地补偿机体所损失的血液，扩大血容量。输入血液能激活肝、脾、

视频1-6
电凝止血

骨髓等各组织的功能，并能促使血小板、钙盐和凝血酶进入血流中，促进血液凝固。

适用于大失血、外伤性休克、营养性或溶血性贫血、严重烧伤、大手术的预防性止血等。供血者应该是健康、体壮的成年动物，无传染病及血原虫病的动物。严重的心血管系统疾病、肾脏疾病和肝病等患畜不宜输血。

血液相合性试验：临床上常用的方法有玻片凝集试验法及生物学试验法。两者结合应用，更为安全可靠。每次确定输血时，最好先将供血者的少量血液（马、牛150～200mL，犬20～30mL）注入受血者静脉内，注入后10分钟，若受血者的体温、脉搏、呼吸及可视黏膜等无明显变化，即可将剩余的血液全部输入。马、牛一次输血量为2～5ml/kg，犬为5～7mL/kg。输血速度宜缓慢，不宜过快。

副作用及抢救方法。①发热反应：输血后15～30分钟，受血者出现寒战和体温升高，应停止输血。②过敏反应：受血者若出现呼吸急促、痉挛、眼睑肿胀、皮肤有荨麻疹等症状，应停止输血；肌内注射苯海拉明或地塞米松与0.1%肾上腺素溶液。③溶血反应：受血者在输血过程中突然不安，呼吸、脉搏增数，肌肉震颤，排尿频繁，高热、可视黏膜发绀等，应停止输血，配合强心、补液治疗。

五、缝合方法

缝合是将已切开、切断或因外伤而分离的组织、器官进行对合或重建其通道，保证良好愈合的方法；在愈合能力正常的情况下，愈合是否完善与缝合的方法有一定关

系。正确而牢固地打结是结扎止血和缝合的重要环节，熟练地打结，可防止结扎线松脱，并可缩短手术时间。

（一）结的种类

常用的结有方结、三叠结和外科结。

（1）方结　方结是手术中最常用的一种（图1-34），用于结扎较小的血管和各种缝合时的打结，不易滑脱。

（2）三叠结　三叠结是在方结的基础上再加一个结，共3个结（图1-34）。常用于有张力部位的缝合，大血管结扎和肠线打结。

图1-34　方结与三叠结

1—方结；2—三叠结，在方结的基础上再打一结扣

（3）外科结　外科结是在打第一个结扣时绕两次，使线摩擦面增大，在打第二个结时第一个结扣不易松动（图1-35）。此结牢固可靠，多用于大血管、张力较大的组织缝合。

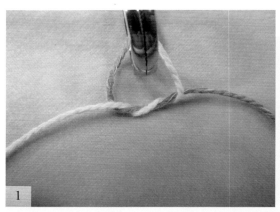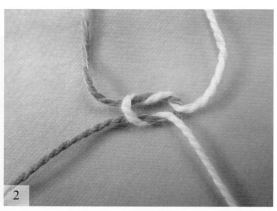

图1-35　外科结

1—两线尾两次缠绕，完成第一结扣；2—完成第二结扣

（二）打结方法

常用的打结方法有两种，即单手打结和器械打结。

（1）单手打结　简便迅速，左右手均可打结（图1-36）。

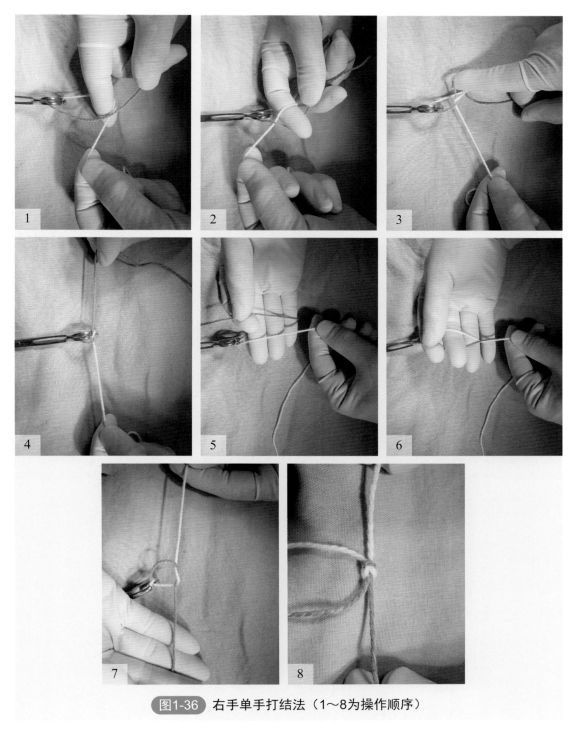

图1-36　右手单手打结法（1～8为操作顺序）

单手打结法见视频1-7～视频1-9。

视频1-7
单手打方结法

视频1-8
单手打三叠结法

视频1-9
单手打外科结法

（2）器械打结　用持针钳或止血钳打结。适用于结扎线过短、狭窄的术部、创伤深处和某些精细手术的打结（图1-37）。

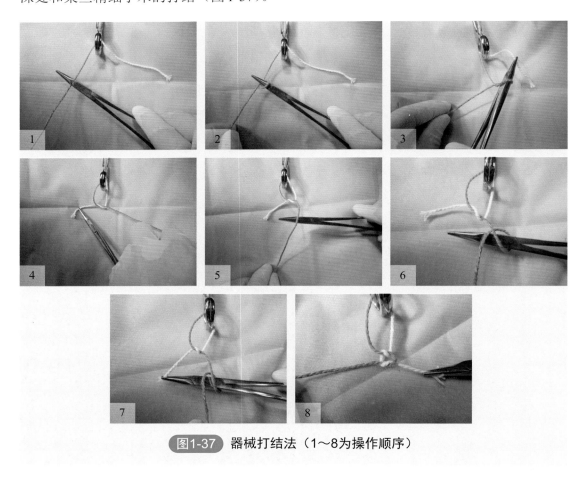
图1-37　器械打结法（1～8为操作顺序）

器械打结法见视频1-10～视频1-12。

视频1-10
器械打方结法

视频1-11
器械打三叠结法

视频1-12
器械打外科结法

打结注意事项。

①打结收紧时要求三点成一线。即左、右手的用力点与结扎点成一直线，不可成角向上提起。

②用力均匀，两手的距离不宜离得太远。深部打结时，可用两手食指伸到结旁，以指尖顶住线，两手握住线尾，徐徐拉紧。埋在组织内的结扎线头，尽量剪短以减少组织内的异物。丝线线尾一般留3～5mm，较大血管的结扎应略长，以防滑脱；可吸收线留4～6mm，不锈钢丝留5～10mm，并应将钢丝头捻转埋入组织中。

③剪线方法正确。术者结扎完毕后，将双线尾提起略偏术者的左侧，助手用稍张开的剪刀尖沿着拉紧的结扎线滑至结扣处，再将剪刀稍向上倾斜，然后剪断线，倾斜的角度或离线结的距离取决于要留线尾的长短。

（三）缝合方法

1.对接缝合

（1）单纯间断缝合　也称为结节缝合。缝合时，将缝针引入15～25cm缝线，于创缘一侧垂直刺入，于对侧相应的部位穿出打结。每缝一针，打一次结（图1-38）。为了预防第一结松开，可用止血钳轻轻夹住线结（图1-39）。缝线距创缘距离（边距），根据缝合的组织来定，如缝合皮肤时根据皮肤厚度来定，小动物3～5mm，大动物0.8～1.2cm；或与皮肤厚度相等。缝线间距要根据创缘张力来决定，使创缘彼此对合，一般间距0.5～1.5cm或缝合皮肤时1~1.5个皮厚。打结在切口一侧，防止压迫切口。用于皮肤、皮下组织、筋膜、黏膜、血管、神经、胃肠道等组织器官的缝合（视频1-13）。

（2）单纯连续缝合　是用一条长的缝线自始至终连续地缝合一个创口，最后打结（图1-40、图1-41）。常用于缝合具有弹性、无太大张力的较长创口，用于皮肤、皮下组织、筋膜、血管、胃肠道的缝合。

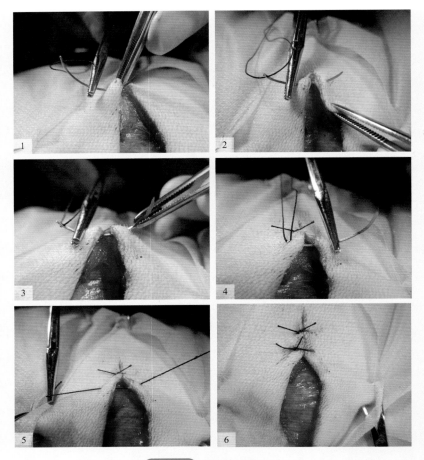

图1-38 单纯间断缝合

1、2—用镊子夹起待缝合侧皮肤后进针；3—用镊子夹持针前部，用持针钳前推缝针；4—钳夹针刃后方拔出缝针；5、6—线结打在创口的一侧

视频1-13
单纯间断缝合法

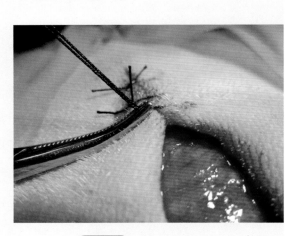

图1-39 防线结松开法

（平行线结方向，用止血钳轻轻钳夹第一结扣）

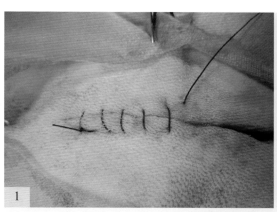
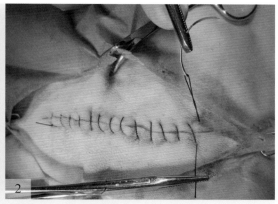

图1-40 单线单纯连续缝合

1—单股线连续缝合；2—打结方法：拉长线尾，用双股线缝合一针，然后双股缝线与单股线尾打结

单纯连续缝合法见视频1-14。

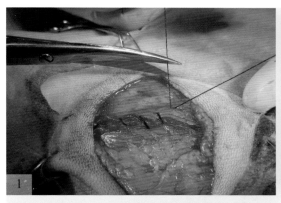
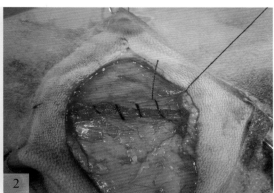
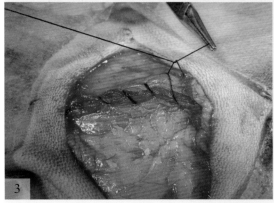

图1-41 双股线单纯连续缝合

1—剪断一股缝线；2—用单股缝线继续缝合一针；3—打结

视频1-14
单纯连续缝合法

（3）表皮下缝合　适用于张力较小部位的皮肤切口缝合。缝合在切口一端开始，缝针自真皮下刺入至真皮层穿出，再翻转缝针自对侧真皮层刺入真皮下，在组织深处打结。然后在真皮层平行切口进针，应用水平褥式缝合法做连续缝合。最后一针，拉长线尾缝合后缝针翻转至对侧，自真皮层刺向真皮下，然后与线尾打结，线结埋置在深部组织内（图1-42）。一般选择可吸收性缝合材料。

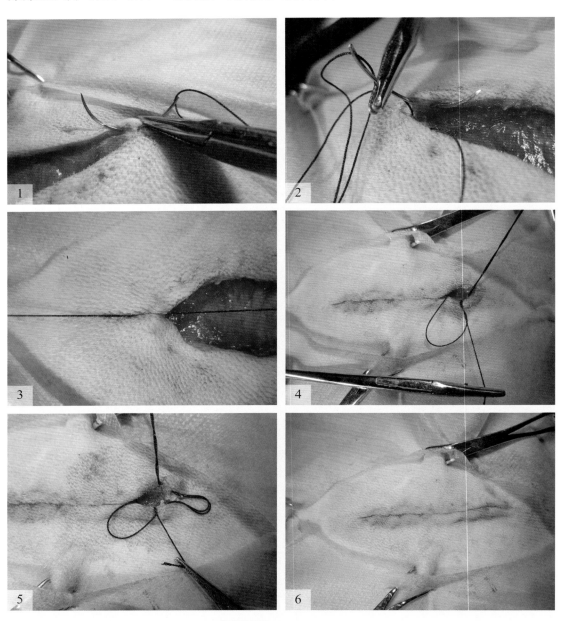

图1-42 表皮下缝合

1、2—进针方向与创缘平行；3—打结后两侧创缘平整对合，连续缝合至创口的另一端；4、5—拉长线尾，双线在两侧创缘穿行；6—打结后线结包埋在创口下，创缘对合严密

（4）**压挤缝合法**　压挤缝合用于较细肠管吻合的单层间断缝合（图1-43）。缝针刺入浆膜、肌层、黏膜下层和黏膜层进入肠腔。在越过切口前，从肠腔再刺入黏膜到黏膜下层。越过切口，转向对侧，从黏膜下层刺入黏膜层进入肠腔；在同侧从黏膜层、黏膜下层、肌层到浆膜刺出肠表面。两端缝线拉紧、打结。

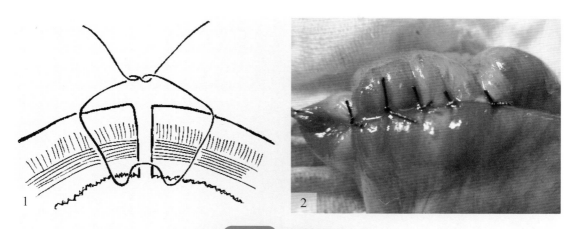

图1-43　压挤缝合法

1—缝针穿行路径示意；2—压挤缝合的肠管

（5）**十字缝合法**　第一针缝针从切口的一侧到另一侧，类似做结节缝合，第二针平行第一针仍从切口一侧到另一侧，缝线的两端在切口上交叉形成"X"形，拉紧打结（图1-44）。用于张力较大的组织缝合。

（6）**连续锁边缝合法**　这种缝合方法与单纯连续缝合基本相似，在缝合时每次都将缝线交锁（图1-45）。此种缝合能使创缘对合良好，并使每一针缝线在进行下一次缝合前就得以固定。多用于皮肤直线形切口及薄而活动性较大的部位缝合，如颈部、耳缘的皮肤切口缝合。

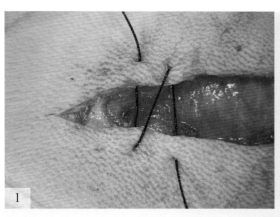
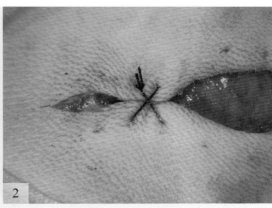

图1-44

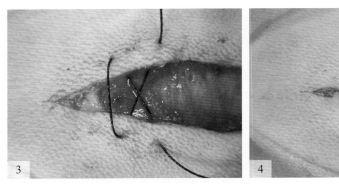

图1-44　十字缝合法

1、2—外十字缝合法；3、4—内十字缝合法

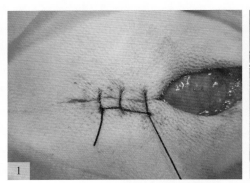
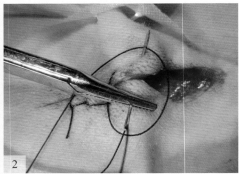

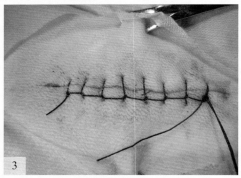

图1-45　连续锁边缝合法

1,2,3—缝合顺序

锁边缝合法见视频1-15。

视频1-15
锁边缝合法

2. 内翻缝合

内翻缝合适用于胃肠、子宫、膀胱等空腔器官的缝合。

（1）伦勃特氏缝合法　又称为垂直褥式内翻缝合法，缝针分别穿过切口两侧的浆膜层与肌层（简称浆膜肌层），进针方向与切口垂直。分为间断与连续两种伦勃特氏缝合法（图1-46、图1-47）。在胃肠切开闭合或肠吻合时，用于浆膜肌层的内翻缝合。

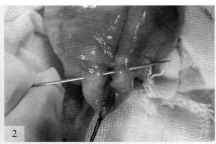

图1-46　间断伦勃特氏缝合法

1—缝针垂直创缘分别穿透两侧的浆膜肌层；2—缝针直接穿透创缘两侧的浆膜肌层间断伦勃特氏缝合法见视频1-16。

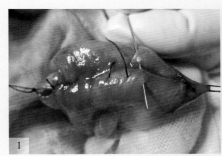
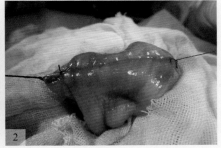

图1-47　连续伦勃特氏缝合法

1—连续缝合创缘两侧的浆膜肌层；2—缝线包埋在创口内

连续伦勃特氏缝合法见视频1-17。

视频1-16
间断伦勃特氏缝合法

视频1-17
连续伦勃特氏缝合法

（2）**库兴氏缝合法**　又称连续水平褥式内翻缝合法，于切口一端开始先做一浆膜肌层间断内翻缝合，再用同一缝线平行于切口做浆膜肌层连续缝合至切口另一端（图1-48，视频1-18）。多用于缝合胃与子宫的浆膜肌层。

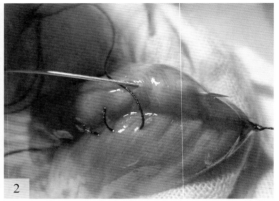

图1-48　库兴氏缝合法

1、2分别为用弯针和直针做水平褥式浆膜肌层连续缝合

视频1-18

库兴氏缝合法

（3）**康奈尔氏缝合法**　这种缝合法与连续水平褥式内翻缝合法相似，仅在缝合时缝针要贯穿全层组织（图1-49，视频1-19），多用于胃、肠、子宫壁切口的缝合。

（4）**荷包缝合**　即做环状的浆膜肌层连续缝合（图1-50，视频1-20）。主要用于胃肠壁上小范围的内翻缝合，如闭合小的胃肠穿孔；此外，还用于胃肠、膀胱造瘘等固定引流管的缝合。

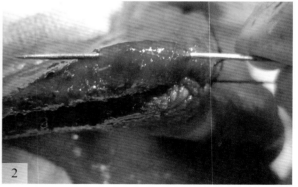

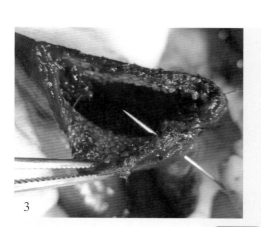

视频1-19
康奈尔氏缝合法

视频1-20
荷包缝合法

图1-49 康奈尔氏缝合法

1—缝针自浆膜层穿入肠腔；2—缝针自黏膜层穿出肠腔；3—再至对侧重复"1"和"2"的操作

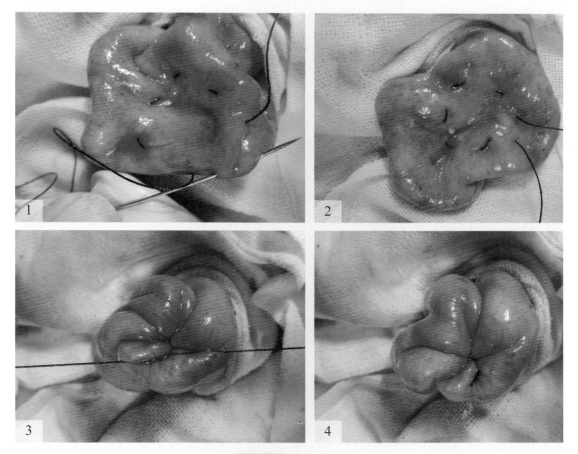

图1-50 荷包缝合

1、2—针穿至黏膜下层，沿创口做一周缝合；3、4—下压创缘使其内翻，抽紧缝线并打结

3. 减张缝合

（1）间断垂直褥式缝合　例如，针刺入皮肤，距离创缘约8mm，创缘相互对合，越过切口到对侧距创缘约8mm处刺出皮肤，然后缝针翻转在同侧距切口约4mm刺入皮肤，越过切口到相应对侧距切口约4mm刺出皮肤，与另一端缝线打结（图1-51）。该缝合缝针刺入皮肤时，只刺入真皮下，不刺入皮下组织，靠近切口的两侧进针与出针，刺入点接近切口边缘。该缝合方法比水平褥式缝合具有较强的抗张力能力，对创缘的血液供应影响较小。

（2）间断水平褥式缝合　又称纽扣缝合（图1-51，视频1-21）。例如，缝针距创缘2～3mm处刺入皮肤，创缘相互对合，越过切口到对侧距创缘2～3mm处刺出皮肤，然后缝线与切口平行向前约8mm，再刺入皮肤，越过切口到对侧距创缘2～3mm处刺出皮肤，与另一端缝线打结。该缝合缝针刺入皮肤时，刺在真皮下，不能刺入皮下组织，不出现皮肤外翻。

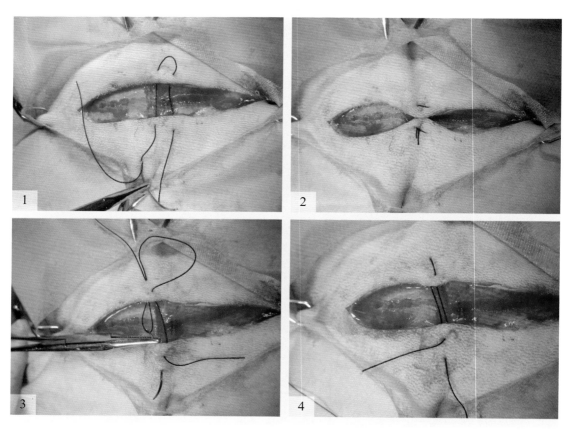

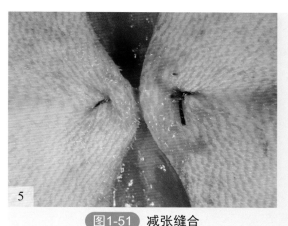

视频1-21
间断水平褥式缝合法

图1-51 减张缝合

1、2—间断水平褥式缝合（纽扣缝合）；
3～5—间断垂直褥式缝合

（四）各种软组织的缝合技术

（1）皮肤的缝合　皮肤常采用间断缝合，在创缘侧面打结，打结不能过紧。缝合前创缘必须对合好，缝线要在同一深度将两侧皮下组织拉拢，以免皮下组织内遗留空隙。

（2）皮下组织的缝合　缝合时要使创缘两侧皮下组织相互接触，消除组织空隙。使用可吸收性缝线，打结应埋置在深部组织内。

（3）筋膜的缝合　筋膜的切口方向与张力线平行，而不能垂直于张力线。所以，筋膜缝合时，要垂直于张力线，使用间断缝合。大量筋膜切除或缺损时，缝合时使用垂直褥式张力缝合法。

（4）肌肉的缝合　将纵行纤维紧密连接，瘢痕组织生成后，不能影响肌肉收缩功能。缝合时，宜用结节缝合。肌肉一般是纵行分离而不切断，张力小的部位、肌肉组织可不缝合。对于横断肌肉，因其张力大，应连同筋膜一起缝合，进行结节缝合或水平褥式缝合。

（5）腹膜的缝合　马、羊的腹膜薄且不耐受缝合，应连同部分肌肉组织一起缝合。牛、犬的腹膜，可以单独缝合。腹膜缝合必须密闭闭合，不能使网膜、肠管或腹水漏出在缝合切口外。

（6）腱的缝合　腱的断端应紧密连接，如果末端间有裂缝被结缔组织填补，将影响腱的功能。腱的缝合要求保留腱鞘或重建。腱的缝合使用白奈尔氏缝合，缝线放置在腱组织内，保持腱的滑动机能（图1-52）。腱鞘缝合使用非吸收性缝合材料结节缝合，特别是张力大的肢体肌腱，应使用特制的细钢丝做缝合，缝合后对肢体做固定，至少要固定3周，使缝合的腱组织没有任何张力。

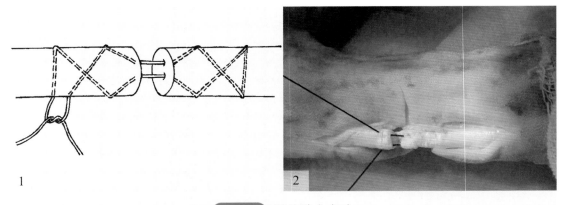

图1-52 腱的缝合方法

1—腱缝合模式；2—指浅屈肌腱吻合术

（7）空腔器官缝合 根据空腔器官（胃、肠、子宫、膀胱）的生理解剖学和组织学特点，缝合时要求良好的密闭性，防止内容物泄漏；保持空腔器官的正常解剖组织学结构和蠕动收缩机能。缝合后的切口，可用大网膜瓣覆盖。

①胃或真胃的缝合：胃内具有高浓度的酸性内容物和消化酶。第一层采用连续水平褥式内翻缝合，第二层采用浆膜肌层间断或连续内翻缝合。

②小肠的缝合：小肠血液供应好，肌肉层发达，是低压力管腔，不是蓄水囊。内容物是液态的，细菌含量少。小肠缝合后3～4小时，纤维蛋白覆盖密封在缝线上，产生良好的密闭条件，术后肠内容物泄漏发生率小。由于小肠肠腔较细，缝合时要防止肠腔狭窄。马的小肠缝合可以使用内翻缝合，但是要避免较多组织内翻引起肠腔狭窄。小动物（犬、猫）的小肠缝合使用单层对接缝合，常用压挤缝合法。

③大肠的缝合：大肠内容物是固态，细菌含量多。大肠缝合并发症是内容物泄漏和感染。第一层采用全层间断内翻缝合或连续水平褥式内翻缝合，第二层采用浆膜肌层间断垂直褥式内翻缝合。内翻缝合部位血管受到压迫，血流阻断，术后第3天黏膜水肿、坏死，第5天内翻组织脱落。黏膜下层、肌层和浆膜保持接合强度。术后14天左右瘢痕形成，炎症反应消失。

④子宫的缝合：因为马的子宫内膜很松散地附着在肌层上，大的内膜下静脉不能自然止血。因此，需要在子宫缝合前对子宫切口边缘用肠线做全层连续压迫缝合。

子宫缝合，首先在子宫切口一端做一针浆膜肌层内翻缝合，浆膜面做斜行刺口，使第一个线结埋置在内翻的组织内，然后用库兴氏缝合，但缝针穿至黏膜下层，不穿透子宫内膜。连续缝合的最后一个结要埋置在组织内，不使其暴露在子宫浆膜表面。

（五）血管吻合术

血管缝合常见的并发症是出血和血栓形成。操作要轻巧、细致，血管伤口的边缘必须外翻，让内膜接触，外膜不得进入血管腔（图1-53）。缝合处不宜有张力，血管不扭转，缝合处用软组织覆盖。

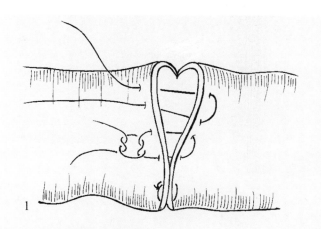

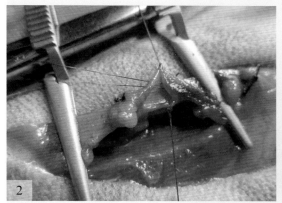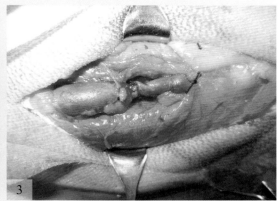

图1-53　血管的外翻缝合（纽扣缝合）

1—血管吻合模式；2—用"无损伤血管钳"钳夹血管两断端，用单丝不可吸收合成缝线吻合血管断端；3—吻合后的血管轻度狭窄

（六）拆线

拆线是指拆除皮肤缝线。拆除的时间一般是在手术后7～8天进行。凡营养不良、贫血、老龄动物、缝合部位活动性较大、创缘呈紧张状态等，应适当延长拆线时间，但创伤已化脓或创缘已被缝线撕断不起缝合作用时，可根据创伤治疗需要随时拆除部分或全部缝线。拆线方法如下：用碘酊消毒创口、缝线及创口周围皮肤后，将线结用镊子轻轻提起，剪刀插入线结下，紧贴皮肤将线剪断，然后，拉出缝线（图1-54）。拉线方向应向拆线的一侧，动作要轻巧，如强行向对侧硬拉，则可能将伤口拉开。再次用碘酊消毒创口及周围皮肤。拆线后继续护理伤口2~3天。

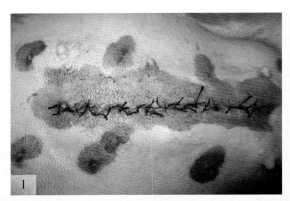

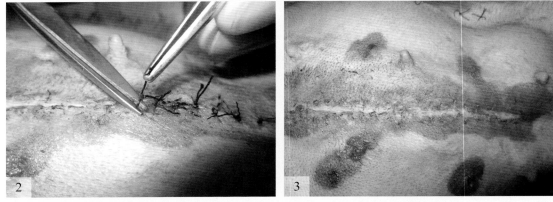

图1-54 拆线法

1—拆除结系绷带，用碘酊或碘伏消毒；2—提起线尾，自被提出的部位剪断缝线；3—再次用碘酊或
碘伏消毒

六、引流

（1）纱布条引流 应用灭菌的干纱布条涂布抗菌药软膏，放置在创腔内，排出腔内液体（图1-55）。纱布条在几小时内吸附创液饱和，创液和血凝块凝集在纱布条上，阻止进一步引流，需及时更换纱布条。

（2）胶管引流 应用薄壁乳胶管，管腔内径0.6～2.5cm。在插入创腔前用剪刀在引流管上剪数个小孔。或使用市售引流管，自带侧孔。引流管小孔能引流其周围的创液（图1-55）。这种引流管对组织无刺激作用，在组织内不变质，引流能减少术后血液、创液的蓄留。

（3）注意事项

①引流物的位置要放置正确，一般脓腔和体腔内引流，出口尽可能放在低位。引流物不要直接压迫血管、神经和脏器，防止发生出血、麻痹或产生瘘管等。手术切口内引流内端应放在创腔的最低位。体腔内引流最好不要经过手术切口引出体外，以免影响刀口愈合。

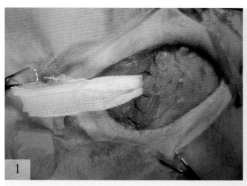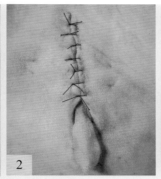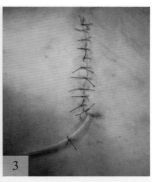

图1-55 引流法

1—放置纱布条做引流；2—引流口处保持松弛；3—胶管引流

②妥善固定引流管，在创内深处引流管的一端由缝线固定，外端缝到皮肤上。在体外固定引流管，防止滑脱、落入体腔或创伤内。

③保持引流管畅通，不要压迫、扭曲引流管。防止引流管被血凝块、坏死组织堵塞。

④放置引流物后要每天检查和记录引流情况。引流物取出的时间，除根据不同引流适应证外，主要根据引流流出液体的数量来决定。引流液体减少时，应及时取出引流物。

第二节　包扎法

包扎法是利用敷料、卷轴绷带、复绷带、夹板绷带、支架绷带及自凝绷带等材料包扎止血，保护创面，防止自我损伤，吸收创液，限制活动等。

一、卷轴绷带包扎法

卷轴绷带通常称为绷带或卷轴带，是将布料剪成狭长的带条，用卷绷带机或手卷成。按其制作材料可分纱布绷带、棉布绷带、弹力绷带和胶带等数种。纱布绷带有多种规格，长度一般4～6m，宽度有3cm、5cm、7cm、10cm和15cm等。纱布绷带质地柔软，压力均匀，价格便宜，但在使用时易起皱、滑脱。弹力绷带是一种弹性网状织品，质地柔软，包扎后有伸缩力，不与皮肤、被毛粘连，常用于烧伤、关节损伤等。

（一）一般包扎方法

卷轴带多用于四肢游离部、尾部、头角部、胸部和腹部等部位的包扎。包扎时，常以左手持绷带的开端，右手持绷带卷，以绷带的背面紧贴肢体表面，由左向右缠绕。当第一圈缠好后，将绷带的游离端反转盖在第一圈绷带上，再缠第二圈压住第一圈绷带。然后根据需要进行不同形式的包扎法缠绕。无论用何种包扎法，均应以环形开始并以环形终止。卷轴绷带的基本包扎有如下几种：

（1）环形包扎法　用于其他形式包扎的起始和结尾，以及用于系部、掌部、跖部等较小创口的包扎。方法是在患部把卷轴带呈环形缠数周，每周盖住前一周，最后将绷带末端剪开打结或以胶布加以固定（图1-56）。

（2）螺旋形包扎法　以螺旋形由下向上缠绕，后一周遮盖前一圈的1/3～1/2，用于掌部、跖部及尾部等部位的包扎（图1-56）。

（3）折转包扎法　又称螺旋回返包扎。用于上粗下细粗细不一致的部位，如前臂部和小腿部。方法是由下向上做螺旋形包扎，每一圈均应向下回折，逐圈遮盖上圈的1/3～1/2（图1-56）。

（4）蛇形包扎法　或称蔓延包扎。斜行向上延伸，各圈互不遮盖，用于固定外固定的衬垫材料。

（5）交叉包扎法　又称"8"字形包扎。用于腕关节、跗关节、球关节等部位，方便关节屈曲（图1-57）。在关节下方做一环形带，然后在关节前面斜向关节上方，做一周环形带后再斜行经过关节前面至关节下方。重复如上操作至患部完全被包扎，最后以环形带结束。

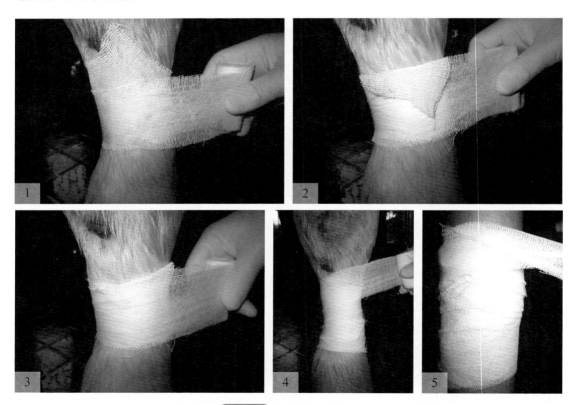

图1-56　绷带的包扎法

1、2—绷带包扎的起始方法，折叠绷带起始端；3—环状带；4—螺旋带；5—折转带

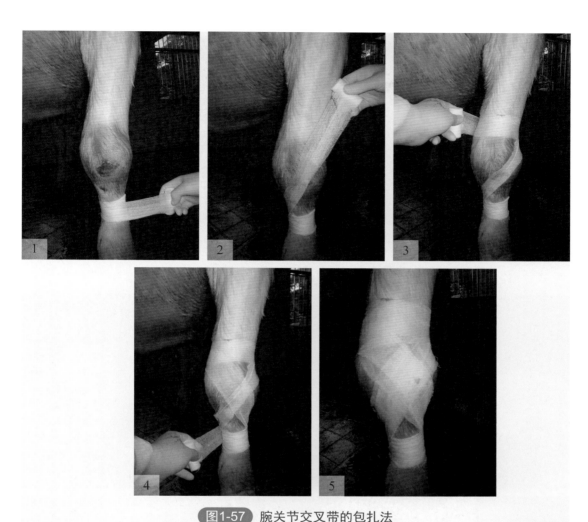

图1-57 腕关节交叉带的包扎法

1—以环状带为起点；2、3—至腕关节上方做环状带；4—交叉至腕关节下方再做环状包扎，重复上述包扎；5—绷带覆盖腕关节背侧

（二）常见部位的包扎法

（1）蹄包扎法　方法是将绷带的起始部留出约20cm作为缠绕的支点，在系部做环形包扎数圈后，绷带由一侧倾斜经过蹄前壁向下，折过蹄尖经过蹄底至踵壁时与游离部分扭缠，以反方向由另一侧倾斜经过蹄前壁做经过蹄底的缠绕，同样操作至整个蹄底被包扎，最后与游离部打结，固定于系部（图1-58）。

（2）蹄冠包扎法　包扎蹄冠时，将绷带两个游离端分别卷起，并以两头之间背部覆盖于蹄冠，使两头在患部对侧相遇，彼此扭缠，以反方向继续包扎。每次相遇于健侧时均行相互扭缠，直至蹄冠完全被包扎，最后打结于蹄冠的健侧（图1-59）。

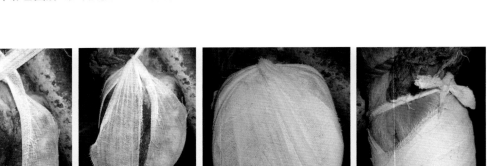

图1-58 蹄底的包扎法

1、2—以绷带的游离端为轴，自蹄负缘开始包扎蹄底部；3—包扎好的蹄底部；4—绷带在蹄前壁的走向

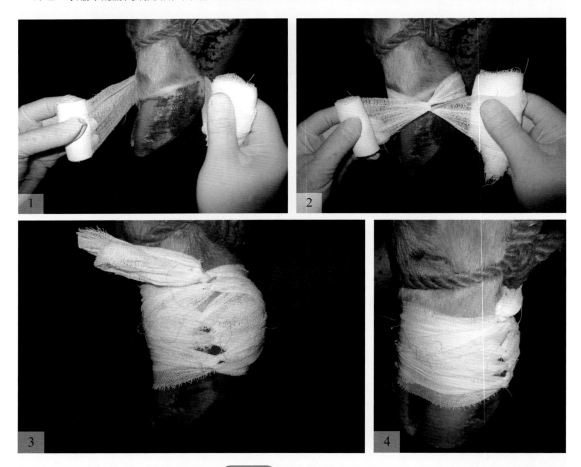

图1-59 蹄冠的包扎法

1—绷带的两端有卷轴；2—在包扎部位的对侧两卷绷带相互缠绕后，覆盖预包扎部位至对侧；3—反复包扎、缠绕后的包扎对侧；4—被包扎的部位

（3）角包扎法　　用于角壳脱落和角折。包扎时先用一块纱布盖在断角上，用环形包扎固定纱布，再用另一角作为支点，以"8"字形缠绕，最后在健康角根处环形包扎打结（图1-60）。

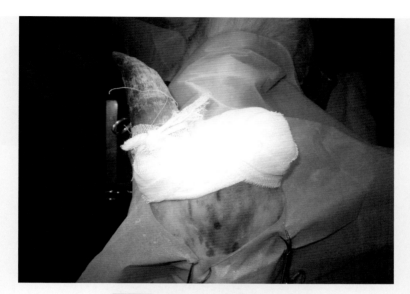

图1-60　角"8"字形缠绕包扎法

（4）尾包扎法　　用于尾部创伤或用于后躯、肛门、会阴部施术前、后固定尾部。先在尾根做环形包扎，然后将部分尾毛向上转折，在原处再做环形缠绕，包住部分转折的尾毛；部分未被包住的尾毛再向下转折，绷带做螺旋向下缠绕，包住下转的尾毛。继续环形包扎下一个上下转折的尾毛。当绷带螺旋缠绕至尾尖时，将尾毛全部折转做数周环形包扎形成一个环，然后绷带末端穿过尾毛折转所形成的环，抽紧（图1-61）。

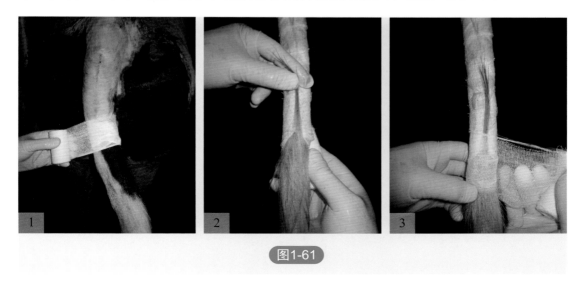

图1-61

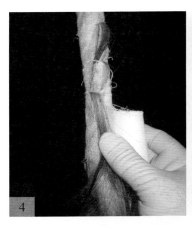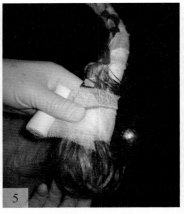

图1-61 尾包扎法

1—环状带；2、3—逆向翻起被毛并用绷带包扎；4—翻回被逆翻的被毛并用绷带包扎；5、6—反折
尾端被毛形成一环，绷带包扎后，绷带的游离端自环中穿过并用于固定尾部

二、结系绷带包扎法

结系绷带是用缝线代替胶带固定敷料的一种保护手术创口或减轻伤口张力的绷带。结系绷带可装在畜体的任何部位，方法是在圆枕缝合的基础上，利用游离的线尾，将若干层灭菌纱布固定在圆枕之间和创口表面，或将绷带直接缝合固定到皮肤上（图1-62）。

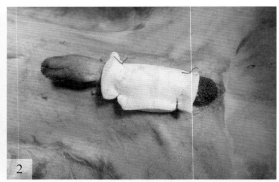

图1-62 结系绷带

1—白线旁切口结系绷带；2—公犬去势术结系绷带

三、夹板绷带包扎法

夹板绷带是借助于夹板保持患部安静，避免加重损伤、移位的制动绷带，可分为临时夹板绷带和预制夹板绷带两种。前者通常用于骨折、关节脱位时的紧急救治，后者可作为较长时期的制动。

临时夹板绷带可用胶合板、普通薄木板、竹板、树枝等作为夹板材料，小动物亦可选用压舌板、硬纸壳、竹筷子、牙签等作为夹板材料。预制夹板绷带用金属丝、薄金属板、木料、塑料板等制成符合四肢解剖形状的各种夹板。夹板绷带由内层衬垫、中层夹板和外层外固定材料构成。

包扎方法是先将患部皮肤刷净，包上较厚的脱脂棉、纱布垫或毡片等衬垫，并用蛇形螺旋形包扎法加以固定，然后再装置夹板（图1-63）。夹板的宽度视需要而定，长度既应包括骨折部上下两个关节，使上下两个关节同时得到固定，又要短于衬垫材料，避免夹板两端损伤皮肤。最后用绷带或细绳加以捆绑固定。

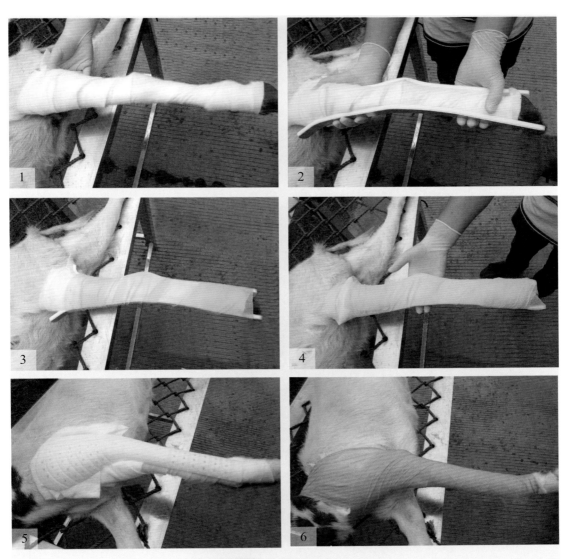

图1-63　夹板绷带的安装

1—安置衬垫；2—在肢体的前后安置夹板；3、4—先固定夹板，然后对肢体完整包扎；5—前臂塑型固定夹板；6—固定前臂上部骨折，绷带自肩部缠绕

四、硬化绷带包扎法

（一）石膏绷带

石膏绷带是在淀粉液浆制过的大网眼纱布上加上煅制石膏粉制成的，这种绷带用温水浸后质地柔软，可塑制成任何形状敷于伤肢，一般十几分钟后开始硬化，干燥后成为坚固的石膏夹。根据这一特性，石膏绷带应用于整复后的骨折、关节脱位的外固定或矫形等。

（1）石膏绷带的用法　应用石膏绷带治疗骨折时，可分为无衬垫和有衬垫两种。一般认为无衬垫石膏绷带疗效较好。骨折整复后，消除皮肤上泥灰等污物，涂布滑石粉，然后于肢体上、下端各绕一圈薄纱布棉垫，其范围应超出装置石膏绷带的预定范围；骨的突起部，应放置脱脂棉垫加以保护。将石膏绷带卷轻轻地横放到盛有30～35℃的温水中，使整个绷带卷被淹没。待不出气泡后，两手握住石膏绷带圈的两端取出，用两手掌轻轻对挤，除去多余水分。从病肢的下端先做环形包扎，后做螺旋包扎向上缠绕，直至预定的部位。石膏绷带上下端不能超过衬垫物，并且松紧适宜。根据伤肢重力和肌肉牵引力的不同，可缠绕6～8层(大动物)或2～4层(小动物)。在包扎最后一层时，必须将上、下衬垫向外翻转，包住石膏绷带的边缘，最后表面涂石膏泥，待数分钟后即可成型。马、骡四肢装置石膏绷带应从蹄匣部开始，否则易造成蹄冠褥疮。

当发生开放性骨折或伴发创伤的其他四肢疾病时，为了观察和处理创伤，常应用有窗石膏绷带。方法是在创口上覆盖灭菌的纱布块，将大于创口的杯子或其他器皿放于纱布上，杯子固定后，绕过杯子按前法缠绕石膏绷带，在石膏未硬固之前用刀切割做窗，取下杯子即成窗口，窗口边缘用石膏泥涂抹平。

在兽医临床上有时为了加强石膏绷带的硬度和固定作用，可在卷轴石膏绷带缠绕后的第三、四层置入夹板材料，使之成为石膏夹板绷带。

（2）石膏绷带的拆除　石膏绷带拆除的时间，应根据不同的病畜和病理过程而定。一般大动物为6～8周，小动物3～4周。但遇下列情况，应提前拆除或拆开另行处理。①石膏夹内有大出血或严重感染。②病畜出现原因不明的高热。③包扎过紧，肢体受压，影响血流循环。病畜表现不安，食欲减少，末梢部肿胀，蹄(指)部变凉。④肢体萎缩，石膏夹过大或严重损坏失去作用等。

拆除石膏绷带时用专门工具，包括锯、刀、剪、石膏分开器等。方法是：先用热醋、双氧水或饱和食盐水在石膏夹表面画好拆除线，使之软化，然后沿拆除线用石膏刀切开或石膏锯锯开，或用石膏剪逐层剪开。自近端外侧缘纵行剪开，然后用石膏分开器将其分开。石膏剪向前推进时，剪的两臂应与肢体的长轴平行，以免损伤皮肤。或在打石膏绷带前在肢体内外两侧的衬垫外表安置带软塑料套管的线锯，拆除绷带时用线锯锯开石膏绷带（图1-64），然后再用石膏分开器将其分开。

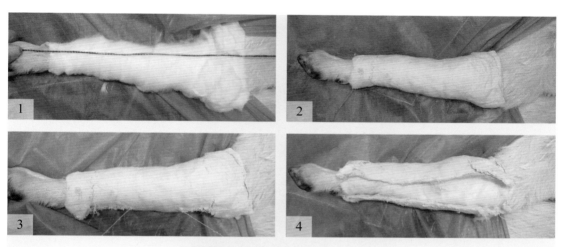

图1-64 石膏绷带的安装与拆除

1—安置脱脂棉衬垫，在衬垫外放置线锯；2—石膏绷带两端保持光滑；3、4—用线锯拆除石膏绷带

（二）玻璃纤维绷带

玻璃纤维绷带，为一种树脂黏合材料。绷带浸泡冷水中 10 ～ 15 秒就起化学反应，随后在室温条件下几分钟则开始热化和硬固。纤维玻璃绷带主要用于四肢的圆筒铸型，也可以用作夹板。安装方法是：在皮肤伤口上敷上包扎绷带，整个塑模区域的皮肤表面敷上衬垫或棉垫，特别是关节或隆突部位，以免发生褥疮。在安装绷带区域的两侧纵向放置带内导线的输液器管，以备拆除绷带时用于引导线锯。市售线锯常自带软塑料管，打绷带时将塑料软管与线锯一同安置在绷带内侧，肢体内外侧各安置一根线锯，拆除绷带时用线锯直接锯开绷带。术者戴乳胶手套，打开绷带包装袋，将绷带卷浸入 21~23℃ 水中，轻轻挤压 3~4 次，取出绷带卷，在 30~60 秒内完成绷带安装。待拆除绷带时，用线锯锯开硬化的玻璃纤维绷带（图1-65）。

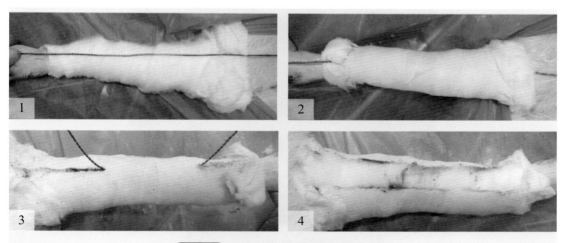

图1-65 玻璃纤维绷带的安装与拆卸

1—安置脱脂棉衬垫，在衬垫外安置线锯；2—安置玻璃纤维绷带；3、4—用线锯拆除玻璃纤维绷带

第三节　穿刺术

一、胸腔穿刺

【适应证】可用于检查胸膜腔内渗出物的性质，以确诊某些疾病。或用于治疗胸部某些疾病，如各种原因引起的胸腔积液，并产生压迫症状的病畜；各种原因造成的闭合性气胸而积气较多者；胸部由于损伤造成的非进行性血胸的病畜。治疗化脓性胸膜炎及污染严重的开放性气胸等疾病时，用于冲洗胸膜腔及注入药液。

【麻醉与保定】全身麻醉或局部麻醉，站立保定。

【穿刺部位】在肋骨前缘进针，以防损伤肋间神经和血管。

牛：左侧在第七肋间，右侧在第六肋间的肩端水平线下方（图1-66），胸外静脉的上方2～5cm处。

马：左侧于第七至第八肋间，右侧于第五至第六肋间，胸外静脉上方2～5cm处。或于肘结节水平线上方一掌处的相应肋间穿刺。

【穿刺方法】术部剪毛消毒后，左手将皮肤稍向侧方移动，右手持带有胶管的注射针头或穿刺针刺入，针经过肋间肌时产生一定的阻力，待阻力消失并有渗出液流出即可确定已刺入胸膜腔内。针头进入胸腔后不要随意晃动，以免划破肺胸膜。严格控制针头进入深度，特别在抽不出胸水时应查明原因，不能不断地增加深度而刺伤肺。

抽吸完毕后，钳夹胶管迅速拔出穿刺针，用手指压迫并轻柔穿刺部位3分钟左右，促使针刺空隙闭合。对化脓性胸膜炎的病畜，先将胸腔内渗出液放出，然后用0.25%盐酸普鲁卡因抗菌药进行胸膜腔冲洗，直至冲洗液变透明为止。然后消毒，覆盖无菌纱布并用胶带固定。

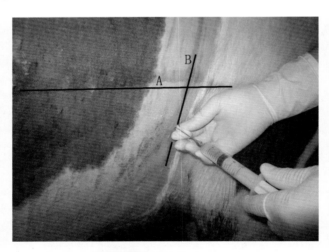

图1-66　牛胸腔穿刺法

A—肩端水平线下方；B—右侧第六肋间

二、心包穿刺

【适应证】适用于诊断心包积液的性质，对牛创伤性心包炎有确诊和治疗的价值。

【麻醉与保定】全身麻醉或局部麻醉。大动物六柱栏内站立保定，左前肢向前方牵引伸展，充分暴露肘头内侧心区。小动物侧卧保定，左前肢向前方伸展。

【穿刺部位】牛左侧第六肋间肋骨前缘，肘突水平线上为刺入点（图1-67）。

【穿刺方法】大动物在穿刺术部用手术刀切一0.5cm长的皮肤小切口，小动物可直接用穿刺针穿刺。穿刺针经皮肤小切口垂直刺入，经肋间肌、胸膜、心包壁而刺入心包腔内。针头进入心包腔内，可感到阻力锐减，针头随心脏的搏动而摆动。此时抽出针芯，心包液可经针头向外排出，采集心包液进行检验。

若刺入过深，可刺入心肌，此时除针头随心跳摆动外，还从针孔流出血液。若刺入心室内，可见由针孔向外喷血。在这两种情况下，均需慢慢退针，直至针内有心包积液流出为止。

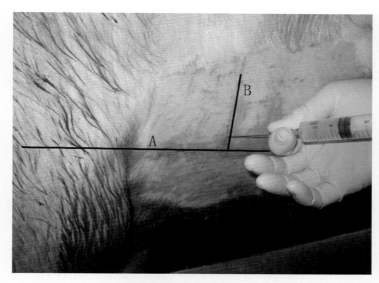

图1-67　牛心包穿刺法

A—肘突水平线；B—左侧第六肋间肋骨前缘

三、腹腔穿刺

【适应证】腹腔穿刺术用于诊断胃肠破裂、肠变位、内脏出血、膀胱破裂及腹膜疾病；根据穿刺液的检查结果判断是渗出液还是漏出液；经穿刺放出腹水或向腹腔内注入药液治疗某些疾病。

【麻醉与保定】全身麻醉或局部麻醉。大动物六柱栏内站立保定，小动物侧卧或站立保定。

【穿刺部位】

马，剑状软骨后10～14cm，腹中线左侧2～3cm处；或在髋结节和脐部连线与膝关节水平线的交点上；另外，腹腔注射的部位可在左肷部中心部，即髋结节到最后肋骨的水平线的中点处向下10cm为刺入点。

牛，在右侧膝关节向肋弓所引的水平线的中点；或在腹底部，剑状软骨后方腹中线右侧5～10cm处；腹腔注射的部位为右肷部，自髋结节中部到最后肋骨所引水平线的中点向下5cm处为穿刺部位（图1-68）。

猪，在脐后腹中线两侧1～2cm。

【穿刺方法】穿刺部剪毛、消毒，用14～20号针头垂直皮肤刺入。当针透过皮肤后，应慢慢向腹腔内推进针头，当针头出现阻力骤减时，说明针已进入腹腔，腹水经针头流出。用于诊断性穿刺时，当腹水流出后立即用注射器抽吸。如果针头被腹腔中的纤维素凝块堵塞，可适当改变针头方向。用于放出腹水时，使用针体上有2～3个侧孔的针头穿刺，可防止大网膜堵塞针孔。术后，拔下针头用碘酊消毒术部。

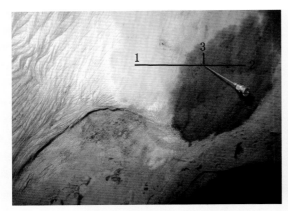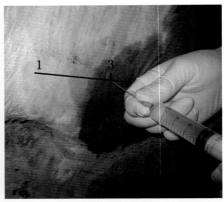

图1-68　牛腹腔穿刺法

1—右侧膝关节；2—肋弓；3—膝关节与肋弓之间的中点

四、膀胱穿刺

【适应证】对因尿道阻塞引起的急性尿潴留，经膀胱穿刺可暂时缓解膀胱的内压，防止因内压过大而继发膀胱破裂；在穿刺放尿后及时治疗原发病，预防因膀胱再次膨胀或反复穿刺导致尿液自针刺孔流入腹腔。或用于膀胱穿刺采集尿液进行检验。

【麻醉与保定】全身麻醉或局部麻醉。牛六柱栏内站立保定；猪右侧侧卧保定。

【穿刺部位】大动物在直肠内进行穿刺。首先温水灌肠排净直肠内蓄粪，用带30～40cm长胶管的针头进行穿刺。针头自膀胱体刺入膀胱内。猪在左侧倒数第1～2

个乳头外侧2cm处（图1-69）。

【穿刺方法】大动物，术者右手持针头带入直肠内，手感觉膀胱的轮廓，穿刺针经直肠壁、膀胱壁进入膀胱内，手在直肠内固定针头，以防针头脱出，连接针头的胶管在肛门外，可见到尿液排出；穿刺完毕拔下针头，消毒术部。

猪，术部消毒，用长针头穿过皮肤、肌肉、腹膜和膀胱壁，直接刺入膀胱内，用手加以固定，尿液经针头放出。然后，迅速拔出针头，局部用碘酊消毒。

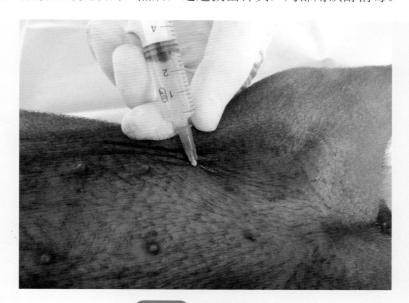

图1-69　猪膀胱穿刺法
（左侧倒数第1~2个乳头外侧2cm处向盆腔入口方向刺入）

五、瓣胃穿刺

【适应证】瓣胃内注射药物，治疗瓣胃梗塞或肠道疾病。反复穿刺易发生瓣胃内容物流入腹腔的现象并导致严重的腹膜炎。

【保定】站立保定。

【穿刺部位】右侧第九肋间（第十肋骨前缘）的肩端水平线上下2cm处（图1-70）。

【穿刺方法】术部剪毛、消毒，局部体壁用0.5%盐酸利多卡因浸润麻醉。用15cm长细针头刺入皮下，然后针头微向下推进，当针头刺入瓣胃时，随呼吸运动针头而前后摆动；注入50~100mL生理盐水并立即回抽，回抽液体混浊、有草渣（图1-70，视频1-22）。注入药液后迅速拔出针头。

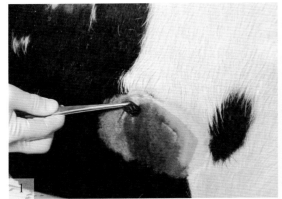

图1-70 牛瓣胃穿刺法

1—局部剃毛、消毒；2—肩端水平线下方2cm
处刺入穿刺针；3—注入生理盐水并回抽，见混
浊液体

视频1-22

牛瓣胃穿刺法与注射法

第四节 局部麻醉

局部麻醉是利用某些药物有选择性地暂时阻断神经末
梢、神经纤维以及神经干的冲动传导，从而使其分布或支
配的相应局部组织暂时丧失痛觉的一种麻醉方法。

一、局部浸润麻醉

视频1-23

局部浸润麻醉

沿手术切口线皮下注射或深部分层注射，阻滞神经末
梢，称局部浸润麻醉。常用药物为0.5%～1%盐酸普鲁卡

因或0.25%盐酸利多卡因溶液。局部浸润麻醉分为直线浸润、菱形浸润、扇形浸润、基部浸润、分层浸润（图1-71，视频1-23）。

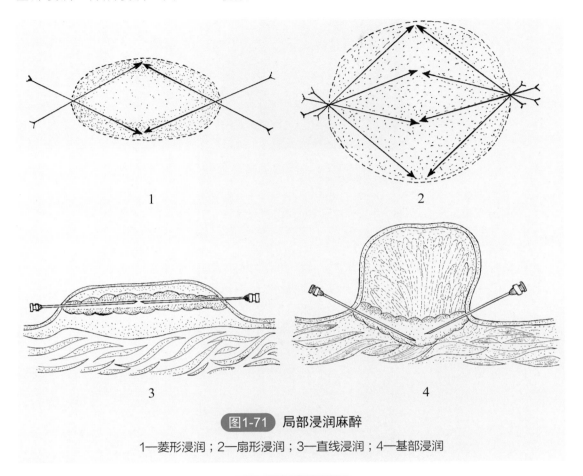

图1-71 局部浸润麻醉

1—菱形浸润；2—扇形浸润；3—直线浸润；4—基部浸润

二、传导麻醉

在神经干周围注射局部麻醉药，使其所支配的区域失去痛觉，称为传导麻醉。使用药物为2%盐酸利多卡因或3%盐酸普鲁卡因溶液。

①马、牛腰旁神经传导麻醉：同时传导麻醉最后肋间神经、髂腹下神经与髂腹股沟神经，用于肷部腹壁手术（图1-72，视频1-24、视频1-25）。

针的刺入点：最后肋间神经的刺入点，马与牛相同，为第一腰椎横突游离端前角；髂腹下神经的刺入点，马与牛相同，为第二腰椎横突游离端后角；髂腹股沟神经的刺入点，马在第三腰椎横突游离端后角进针，牛在第四腰椎横突游离端前角进针。

手触摸腰椎横突的前角或后角，垂直皮肤进针，深达腰椎横突骨面，将针尖滑至骨缘，再向下方刺入0.5～0.7cm，注射2%盐酸利多卡因溶液10mL，以麻醉腰旁神经的腹支。然后提针至皮下，再注入10mL药液，以麻醉腰旁神经的浅支。

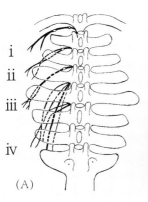

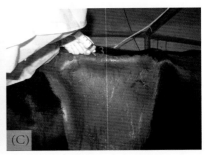

图1-72 腰旁神经传导麻醉

（A）牛腰椎与腰旁神经示意（ⅰ—牛的最后肋间神经；ⅱ—髂腹下神经；ⅲ—髂腹股沟神经；ⅳ—精索外神经分布区域一）；（B）牛腰旁神经传导麻醉刺入点；（C）针退至皮下，阻滞髂腹股沟神经的浅支1—第一腰椎横突前角；2—第二腰椎横突后角；3—第四腰椎横突前角；

②球后麻醉（眼神经传导麻醉）：麻醉睫状神经节，用于眼内手术。

马，用8cm长的细针头注射针头于眶外缘与下缘交界处先刺入皮下，注入2％盐酸利多卡因溶液1mL，继而经外眼角结膜向对侧下颌关节方向刺入，针贴住眶上突后壁，沿眼球伸向球后方，注入药液15～20mL。退针时用棉球紧压针旁皮肤，针头拔出后继续压迫片刻，以防出血。

牛，可在额骨颧骨弓下缘（颞窝口腹侧角）、颞突背侧1.5~2.0cm处刺向对侧额骨的颞角突，由水平面向下倾斜刺入骨骼（图1-73），深约6cm，注射药液20mL。

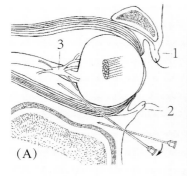
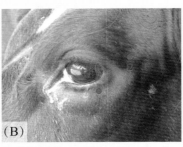
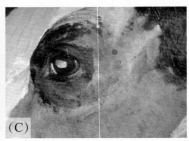

图1-73 眼神经传导麻醉进针示意

A眼神经传导麻醉示意（1—上眼睑；2—下眼睑；3—睫状神经节）；B、C针刺部位（1—下眼眶外1/3与中1/3交界处；2—颞窝口腹侧角）

③眶下神经传导麻醉：用于前白齿、门齿、上唇、鼻镜等部位的手术。

马，由鼻颌切迹至面嵴前端连一条直线，在其中点向后上方约2cm处，即为眶下孔所在处。将上唇固有提肌向上推开，使针头沿眶下孔的前壁刺入3～4cm，以防损伤眶下动脉，注入2%盐酸利多卡因溶液4～5mL；边注射边将针抽出。

牛，眼眶外角做一鼻背侧平行线，再自上颌第一前臼齿的齿前缘做一鼻背侧平行线的垂线，两线的交点为眶下孔所在处，或由上颌第一前臼齿前缘垂直向上2~3cm处触摸眶下孔（图1-74）。针头刺入眶下孔后，针头向外略向上方刺入3~4cm，注入药液10mL。

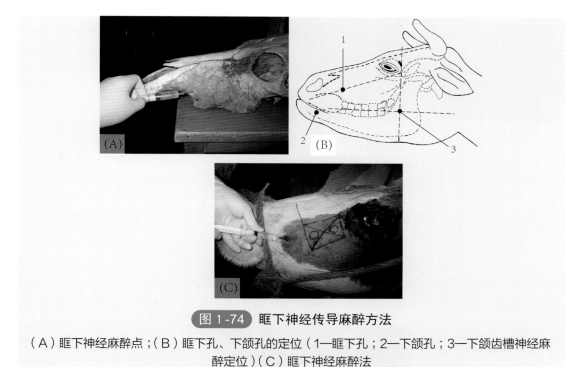

图1-74 眶下神经传导麻醉方法

（A）眶下神经麻醉点；（B）眶下孔、下颌孔的定位（1—眶下孔；2—下颌孔；3—下颌齿槽神经麻醉定位）（C）眶下神经麻醉法

④舌神经与舌下神经传导麻醉：适用于舌部手术。牛、马，用长5~6cm的针头，在舌骨突起前方2~3cm处垂直向口腔底部刺入约5cm，随进针随注射2%盐酸利多卡因溶液20mL。然后，针头退至皮下，向左侧倾斜45°～60°刺至下颌骨内侧面，针头抵达骨骼后退针0.5cm，注射药液20mL。针头再次退到皮下，向右侧下颌骨刺入并注射药液20mL（图1-75）。

视频1-24

马腰旁神经传导麻醉

视频1-25

牛腰旁神经传导麻醉

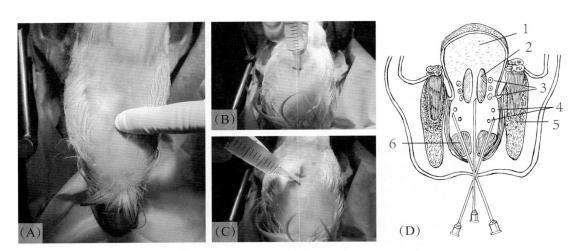

图 1-75　舌神经与舌下神经传导麻醉

（A）触摸舌骨突起；（B）在突起前方垂直进针；（C）向两侧下颌骨内侧刺入；（D）舌神经麻醉示意（1—舌；2—颏舌肌；3—舌动静脉；4—舌神经与舌下神经；5—下颌骨；6—颏舌骨肌）

⑤掌/跖神经传导麻醉：适于掌/跖部以下部位的手术。分为低掌（跖）神经麻醉和高掌（跖）神经麻醉两种。低掌（跖）神经麻醉：在球节上方，第二、四掌（跖）骨末端上方一横指处的掌沟内，于深屈腱边缘针头刺进皮肤达筋膜下，内、外两侧各注入2%盐酸利多卡因溶液10mL。高掌（跖）神经麻醉：在腕（跗）关节下3～5cm的掌沟内，在深屈腱边缘针头刺入筋膜下，内、外两侧各注入2%盐酸利多卡因溶液10mL（图1-76）。

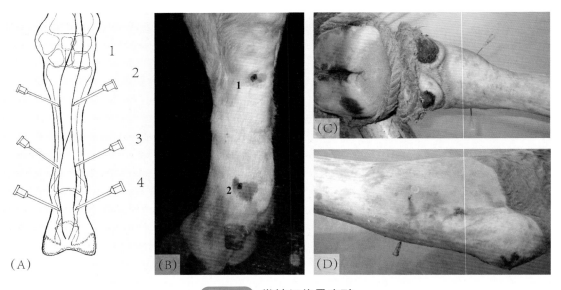

图1-76　掌神经传导麻醉

（A）四肢远端传导麻醉点（1—腕关节；2—高掌麻醉刺入点；3—低掌麻醉刺入点；4—球节下指神经掌支阻滞刺入点）；（B）牛掌神经传导麻醉点（1—高掌麻醉刺入点；2—低掌麻醉刺入点）；（C）低跖（掌）神经传导麻醉；（D）高跖神经传导麻醉

⑥阴茎背神经传导麻醉：阴茎背神经来自第三、四荐神经的腹侧支，与阴部内动脉、静脉伴行。该神经自坐骨弓处沿阴茎背侧向前延伸，分布于阴茎和包皮。麻醉后可施行阴茎部手术。麻醉方法是在坐骨切迹处将阴茎体推向一侧，用5~6cm长的针头在会阴部正中线的一侧1cm处朝向坐骨切迹刺入3~4cm，抵达骨质后稍退针，注射2%盐酸利多卡因10~15mL（图1-77）；用同样的方法在对侧再注射一次。经过5~10分钟，阴茎可自行脱出，麻醉持续1~2小时。

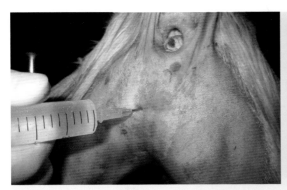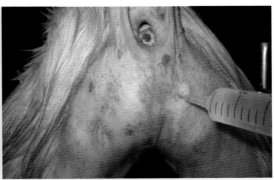

图1-77　在阴茎背侧的左右侧分别注射2%盐酸利多卡因溶液

⑦精索内神经传导麻醉：在睾丸上方5~10cm处用手抓住精索，针刺入皮下组织。固定针头，确定未穿透血管，在每条精索内注射2%盐酸利多卡因溶液10~20mL；用同样的方法将对侧精索进行麻醉。或用12～15cm长的针头在阴囊底部通过睾丸刺入精索内，注入2%盐酸利多卡因溶液20～25mL；用同样的方法将对侧精索进行麻醉。然后，沿切口线对阴囊壁进行浸润麻醉。经10~15分钟后，睾丸脱垂，可行去势术。

⑧肋间神经传导麻醉：针头刺入点在相应的肋骨后缘，在髂肋肌上缘的水平线上。若触摸髂肋肌有困难，也可从髋结节上缘引一条与脊柱平行的线，在此线的肋骨后缘刺入针头（图1-78）。当针尖触及肋骨后，向后退针少许再深入0.5～0.75cm，回

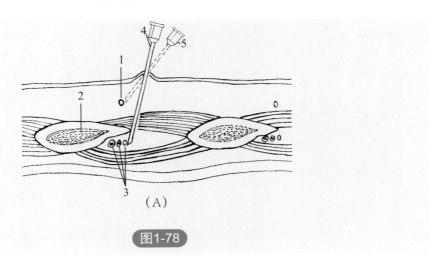

（A）

图1-78

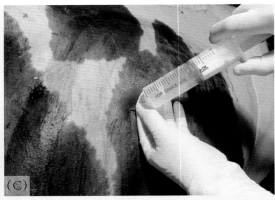

图1-78　肋间神经传导麻醉

（A）肋间神经传导麻醉示意（1—肋间神经皮支；2—肋骨；3—肋间神经及血管；4—针刺入肋骨后缘阻滞肋间神经肌支；5—针退至皮下阻滞皮支）；（B）触摸肋骨后缘；（C）针刺至肋骨后缘注入2%盐酸利多卡因溶液

抽注射器若无回血，即可注射2%盐酸利多卡因溶液10mL，然后将针头退至皮下，再注射等量的药液。经10～15分钟，沿该肋骨走向的皮肤、肌肉、骨膜均出现麻醉。此麻醉法适用于肋骨切除术。

三、脊髓麻醉

将局部麻醉药注射到椎管内，阻滞脊神经的传导，使其所支配的区域感受不到疼痛，称为脊髓麻醉。根据注入部位的不同，分为硬膜外腔麻醉和蛛网膜下腔麻醉。临床上常用硬膜外腔麻醉。

在脊硬膜与椎管的骨膜之间有一较宽的间隙称为硬膜外腔，内含疏松结缔组织、静脉和大量脂肪，两侧脊神经即在此经过。向此腔内注入麻醉药液，可阻滞左右若干根脊神经。

硬膜外腔麻醉的注射部位有三处，即第一、二尾椎间隙；荐骨与第一尾椎间隙；腰、荐椎间隙，其中以第一、二尾椎间隙最为常用，使动物在站立情况下施行直肠、阴道、会阴部和尾部的手术。

确定第一、二尾椎间隙位置最简便的方法是用一手举尾，上下晃动，用另一手的指端抵于尾根背部中线上，可探知尾根的固定部分与活动部分之间的横沟（即第一、二尾椎间隙），横沟与中线的相交点为刺入点（图1-79，视频1-26）。针头垂直刺入皮肤后，再以45°～60°向

视频1-26

牛尾部脊髓麻醉

前下方推进针头，当感到阻力突然减退时，即可停止进针，确定在硬膜外腔后即可注入药液。马、牛，2%盐酸利多卡因10～15mL。

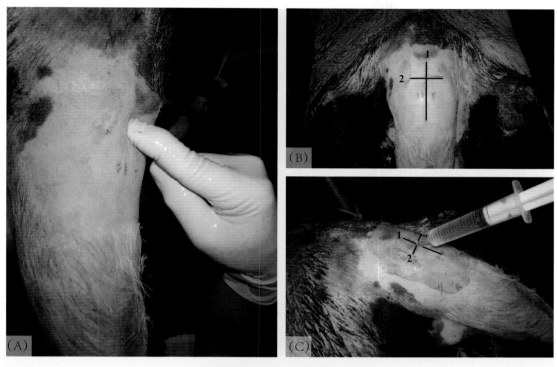

图1-79 脊髓麻醉的方法

（A）触摸椎体间隙；（B）标记椎体间隙；（C）针头自尾椎间隙刺入

1—背中线；2—第一与第二尾椎交界处

第五节　保定术

一、牛柱栏保定

①二柱栏保定：缰绳拴在横梁上，颈部固定在前柱。围绳一端固定在后柱上，游离端自左侧向右绕两柱一周，将牛围在两柱之间。然后，绳在后柱上缠绕半周，再自右侧向左绕两柱一周，绳尾最后夹在后柱和缠绕绳索之间；围绳的高度以不超过肩关节水平线为宜。最后，安装吊带。吊带包括前部的胸吊带和后部的腹吊带。胸吊带在鬐甲部打结固定，腹吊带在腰荐部打结固定。

②六柱栏保定：两个门柱用于固定头颈部，两前柱与后柱中间有横梁连接，用于固定体躯和四肢，同侧前柱与后柱之间的上梁和下梁，用于吊胸带、腹带（图1-80）。

先装好胸带（肩关节水平线下方），牛进入柱栏后立即装上后带（膝关节水平线下方），防止动物后退。然后，将牛缰绳拴在门柱上，装好鬐甲带（在鬐甲前部），防止动物跳起。若预防动物趴下，可装上前后腹带（肘后的胸骨部腹侧、膝关节前的腹壁腹侧），腹带可用粗绳、扁带、钢管等材料，不宜用弹性大的材料。

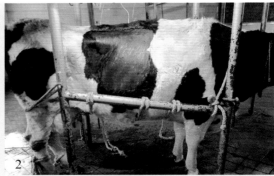

图1-80　牛柱栏内保定

1—硬质（钢管）腹带；2—软质（线绳）腹带

二、牛单肢保定

①两后肢绳套固定：用柔软的小麻绳在跗关节上方做"8"字形或捆绑固定（图1-81）。用于防止后肢后踢或前踢。柱栏内保定用于手术时，可在两后肢球节上方拴系麻绳，将两后肢向后牵拉固定。

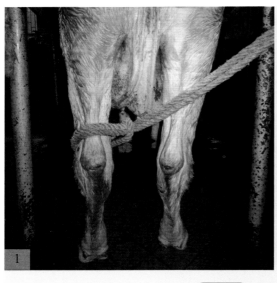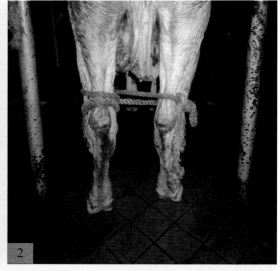

图1-81　牛两后肢绳套固定

1—双绳扣套入左后肢跗关节上方；2——绳在左肢缠绕后，两绳尾在右侧跗关节上方打结

②前肢提举固定：在柱栏内，绳的一端在前肢系部打活结，另一端从前柱由外向内绕过保定架的横梁，向前下方自内向外绕过掌部，收紧绳索，把前肢拉到前柱的外侧（图1-82，视频1-27）。然后，用此绳绕掌部与前柱2周，使前肢固定到前柱上。适用于处理前肢下部。

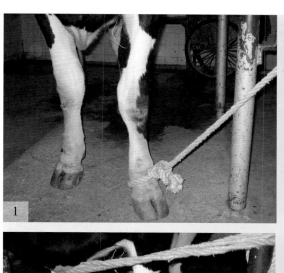

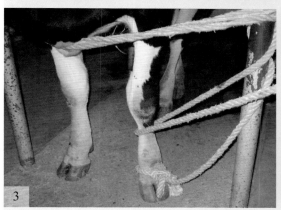
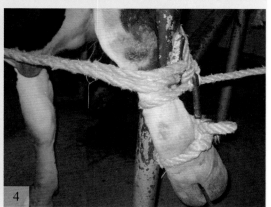

图1-82　牛前肢提举固定

1—在系部安置绳套；2—绳游离端在横杠上缠绕；3—绳缠绕掌部；4—拉紧绳尾，蹄部被固定在栏柱外侧，然后再缠绕绳索，确切保定前肢于栏柱上

③后肢提举固定：在柱栏内，绳的一端在后肢系部打活结，另一端从后柱由外向内绕过保定架的横梁，向后下方自内向外绕过跗部，收紧绳索，把后肢拉到后柱的外侧（图1-83，视频1-28）。然后，用此绳绕过跗部、后柱和小腿下部几周，使后肢固定到后柱上。适用于处理后肢下部。

视频1-27

牛前肢提举固定

视频1-28
牛后肢提举固定

图1-83 牛后肢提举固定

1—在系部安置绳套；2—绳尾在横杠上缠绕后再在跗部缠绕；3、4—拉紧绳尾，蹄部被固定在栏柱外侧，然后再在小腿部缠绕绳索，将后肢确切保定于栏柱上

三、仰卧保定

在手术台的台面上，动物呈仰卧姿势，背部朝下、腹部朝上，头颈部呈侧位，口角放低。两前肢和两后肢分别向前、向后牵拉固定，绳结打在系部，充分暴露躯体的腹侧（图1-84）。适用于腹侧手术通路或处理。"V"形台面可提高保定效果。

图1-84 仰卧保定

四、侧卧与俯卧保定

侧卧保定包括左侧卧、右侧卧保定，颈部垫高，口角放低。在手术台的台面上，动物呈侧卧姿势，两前肢和两后肢分别捆绑在一起，绳结打在系部。然后向前、向后牵拉固定肢体（图1-85）。适用于躯体侧面手术通路或处理。俯卧保定是动物四肢位于腹下或体躯的腹侧。

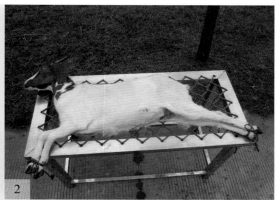

图1-85　俯卧与侧卧保定

1—俯卧保定；2—侧卧保定

五、后躯半仰卧保定

在手术台的台面上，动物前躯呈侧卧姿势，两前肢捆绑在一起，向前牵拉固定；颈部垫高，口角放低。两后肢分别捆绑，绳结打在系部，分别向左向右牵拉固定（图1-86）。适用于大动物腹部手术通路或处理，如膀胱、乳房、阴囊、阴茎的手术。

图1-86　后躯半仰卧保定

1—后上方的肢体做"8"字形缠绕；2—向一侧牵拉固定被缠绕的后肢

第二章 体表软组织损伤治疗

第一节 创伤的治疗

创伤是因锐性外力或强烈的钝性外力作用于机体组织或器官，使受伤部皮肤或黏膜出现伤口及深在组织与外界相通的机械性损伤。创伤一般由创缘、创口、创壁、创底、创腔、创围等部分组成（图2-1）。

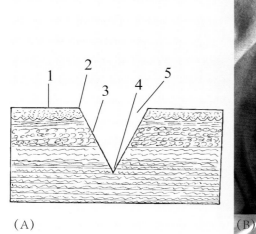
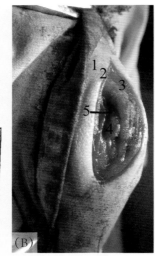
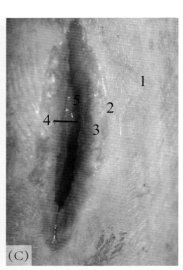

（A）　　　　　　　　　　　　　　　　（B）　　　　　　　　　　（C）

图2-1 创伤的组成

（A）创伤示意；　　　　　　　　　　　（B）新鲜创；（C）陈旧创
1—创围；2—创缘；3—创壁；4—创底；5—创腔

在做创伤局部诊疗过程中，不管是清洁创还是化脓创，都要始终遵循无菌、无害、无遗留的原则。实行无菌操作，处理过程中不对创伤组织造成损害，不遗留坏死组织、异物、创囊等，促进创伤的愈合过程。

【术前准备】有较大血管出血时，先用止血钳夹住血管断端，留待术中处理。对有休克迹象的病畜，应采取积极的防治措施。对破伤风的预防，可根据情况使用类毒素或抗毒素。使用广谱抗菌药，防治感染。

【麻醉与保定】全身麻醉配合局部麻醉。小的浅表创伤，对温驯的动物，可以用局部麻醉。根据受伤部位，采用有利于操作的保定方法。

【治疗方法】包括创围清洁法、创面清洗法、清创术、创伤用药、创伤缝合法和全身治疗与护理等内容（视频2-1）。

①创围清洁法：先用数层灭菌纱布块覆盖创面，防止异物落入创内；后用剪毛剪将创围被毛剪去，剪毛面积以距创缘周围10cm以上为宜。用70%酒精棉球反复擦拭紧靠创缘的皮肤，直至清洁干净为止。离创缘较远的皮肤，可用肥皂水和消毒液洗刷干净，但应防止洗刷液落入创内。最后用2%~5%碘酊以5分钟的间隔，两次涂擦创围皮肤。对腹壁透创有内脏脱出者，先用灭菌创巾隔离内脏，处理好脱出的内脏后再做创伤处理。

②创面清洗法：揭去覆盖创面的纱布块，用生理盐水或0.1%新洁尔灭溶液冲洗创面后，除去创面上的异物、血凝块或脓痂，然后再用此液反复清洗创伤，直至清洁为止。创腔较深时可用胶管冲洗创腔，冲洗时将冲洗管插至创底，自内向外冲洗创腔与创面。清洗创腔后，用灭菌纱布块轻轻地擦拭创面，以除去创内残存的液体和污物。化脓创或肉芽创，宜用3%双氧水和0.01%高锰酸钾水联合冲洗。

③清创术：用外科手术的方法将创内所有的失活组织切除，除去可见的异物、血凝块，消灭创囊、凹壁，扩大创口（或做辅助切口），保证排液畅通，力求使新鲜污染创变为近似手术创，争取创伤的第一期愈合。

切除污染创面要由外向内，由浅入深，逐步进行，并使切除过的新鲜创面不再污染。切除已坏死的创缘皮肤，但尽量保存有活力的部分，以免缝合时张力过大，或创缘对合不整齐。边缘不整的创缘应尽量切修整齐。污染严重和坏死的皮下组织，要切除干净，直到健康出血部为止。小而深的创伤，在切除创缘和皮下组织后，要沿创口的纵轴方向或皮纹方向切开皮肤与皮下组织，扩大创口，以便进行深部组织清洗。坏死的肌肉呈暗红色，用钳镊夹无收缩，或用刀切割不出血，应予切除，一直切至出血时为止。对向下凹陷的创囊，在其最底部对应的部位做小切口，使囊底与外界相通，便于排液。最后，用灭菌生理盐水轻轻冲洗创腔，清除一切细小的异物、血凝块和组织碎片，彻底止血。

④创伤用药：清创后，新鲜的污染创，可用抗菌药粉，然后施行创伤缝合。化脓创或肉芽创，宜用抗菌药软膏或魏氏流膏；保持创口开放，每天处理和用药后包扎伤口。

⑤创伤缝合法：在伤后8小时内得到清创处理，可做初期缝合；8～24小时内得到清创处理，做部分缝合，在创口下角留有2~3针不缝合，以便排液；24小时后清创的创伤仅药物治疗、引流和包扎，争取做延期缝合，待创伤无感染症状时再进行部分缝合。缝合创伤时，尽量减少缝合的层次。

做初期缝合的创口，如因皮肤缺损较多不能直接缝合，或缝合后张力过大时，可在距原创口一侧或两侧5～6cm处，做等长的减张切口，分离皮下组织；缝合原创口后再缝合减张切口。

⑥全身治疗与护理：术后根据病情给予抗菌药治疗，做缝合的新鲜创，术后应用5~7天；有全身感染症状的化脓创，术后大剂量应用抗菌药。对局部创伤每日应做严密观察，如装有引流物，在24～48小时，按分泌物多少取出更换，并按时更换敷料。加强营养，补充优质饲料。

视频2-1

新鲜污染创的处理

第二节　脓肿

脓肿是在任何组织或器官内形成的外有脓肿膜包裹、内有脓汁滞留的局限性脓腔。若在解剖腔内有脓汁蓄积，称为蓄脓。如关节蓄脓、上颌窦蓄脓、子宫蓄脓等。

【病因】大多数脓肿是由感染引起，最常继发于急性化脓性感染的后期。引起脓肿的致病菌主要是金黄色葡萄球菌，其次是化脓性链球菌、大肠杆菌、铜绿假单胞菌和腐败菌。除感染因素外，静脉内注射各种刺激性的化学药品，如氯化钙、葡萄糖酸钙、高渗盐水等，若将它们误注或漏注到静脉外，也能发生脓肿。也有的是由血液或淋巴液将致病菌由原发病灶转移至某一新的组织或器官内所形成转移性脓肿。

【症状与诊断】

浅在急性脓肿，初期局部肿胀，无明显的界限。触诊温热、坚实，有疼痛反应。以后肿胀的界限逐渐清晰。后期，在肿胀的中央部开始软化并出现波动，可自溃排脓（图2-2）。浅在慢性脓肿，发生缓慢，虽有明显的肿胀和波动感，但缺乏温热和疼痛反应或反应非常轻微。

深部脓肿，由于被覆较厚的组织，局部增温不易触及，常出现皮肤及皮下结缔组织的炎性水肿，触诊时有疼痛反应并常有指压痕。在压痛和水肿明显处穿刺，可抽出脓汁。

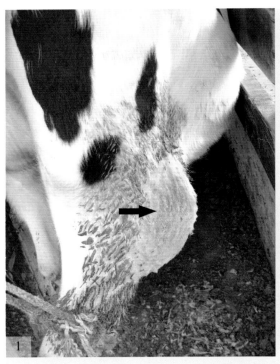

图2-2　牛小腿部脓肿

1—小腿部脓肿；2—切开流出黄白色黏稠脓汁

【治疗】脓肿形成后其脓汁常不能自行消散吸收，需要手术治疗（视频2-2）。

全身或局部麻醉。依据脓肿的部位，以便于操作为原则，进行保定。切口选择在波动最明显且容易排脓的部位，切口方向与皮纹方向一致。局部剪毛、消毒。用刀尖刺入脓腔，然后向两端扩大切口（图2-3）。脓腔较大可切开两处或多处，避免切口过大；深部脓肿的切开，为避免损伤血管、神经，应逐层切开皮肤、皮下组织及筋膜，钝性分离，进入脓腔，并对出血的血管进行结扎或钳夹止血。脓肿切开后，脓汁要尽力排尽。如果一个切口不能彻底排空脓汁，亦可根据情况做必要的辅助切口。对浅在性脓肿可用防腐液反复清洗脓腔，用灭菌纱布吸出残留的液体后，脓腔内放置抗菌药软膏和引流条。术后包扎伤口，以防污染和损伤。

视频2-2

腹壁脓肿的处理

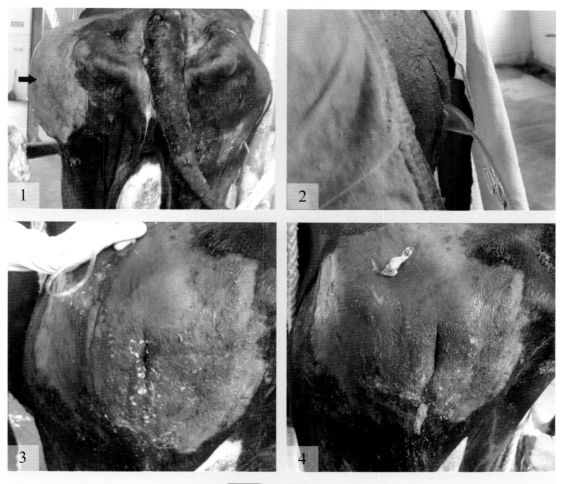

图2-3　牛臀部脓肿

1—局部肿胀；2—消毒、隔离、切开；3—经上、下口冲洗脓腔；4—清创后用药、引流

第三节　蜂窝织炎

蜂窝织炎是疏松结缔组织发生的急性弥漫性化脓性感染。

【病因】致病菌主要是溶血性链球菌，其次为金黄色葡萄球菌，亦可为大肠杆菌及厌氧菌等。一般多由皮肤或黏膜的微小创口感染引起；也可因邻近组织的化脓性感染扩散或通过血液循环和淋巴液的转移引起。偶见于刺激性强的化学制剂误注或漏入皮下疏松结缔组织。

【症状与诊断】蜂窝织炎时病程发展迅速。局部症状主要表现为大面积肿胀，局部增温，疼痛剧烈和机能障碍。全身症状明显，病畜精神沉郁，体温升高，食欲不振并出现各系统的机能紊乱。

皮下蜂窝织炎常发于四肢（特别是后肢），病初局部出现弥漫性渐进性肿胀（图2-4）。触诊时热痛反应非常明显。初期肿胀呈捏粉状有指压痕，后期则稍有坚实感。局部皮肤紧张，无可动性。

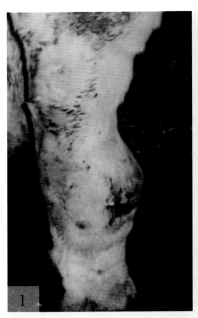

图2-4　跗部（1）与前臂部（2）蜂窝织炎

筋膜下蜂窝织炎常发生于前肢的前臂筋膜下、小腿筋膜下和阔筋膜下的疏松结缔组织中。患部热痛反应剧烈；机能障碍明显；患部组织呈坚实性炎性浸润。

肌间蜂窝织炎的感染可沿肌间和肌群间大动脉及大神经干的径路蔓延。患部肌肉肿大、肥厚、坚实、界限不清，机能障碍明显，触诊和他动运动时疼痛剧烈。全身症状明显，体温升高，精神沉郁，食欲不振。局部已形成脓肿时，切开后可流出灰色、常带血样的脓汁。化脓性溶解可引起关节周围炎、血栓性血管炎和神经炎。

【治疗】早期较浅表的蜂窝织炎以局部治疗为主，部位深、发展迅速、全身症状明显者应尽早全身应用抗菌药。最初24～48小时内，当炎症继续扩散，组织尚未出现化脓性溶解时，可用冷敷，涂以醋调制的醋酸铅散。当炎性渗出已基本平息，需促进炎症产物的消散吸收，可用50%硫酸镁湿敷，20%鱼石脂软膏或雄黄散外敷。

蜂窝织炎局部肿胀明显，扩散速度快，易形成化脓性坏死，应早期做广泛性切开。浅在性蜂窝织炎应充分切开皮肤、筋膜、腱膜及肌肉组织等，用纱布条引流；四肢应做多处纵切口。可用中性盐类高渗溶液作引流液。待局部肿胀明显消退，体温恢复正常时，局部创口按化脓创处理。

第四节 放线菌肿

放线菌肿是牛常见的一种慢性化脓性肉芽肿性疾病，肿块常见于头、颈、下颌和舌上。其它动物如马、猪也可感染发病。

【病因】病原体为牛放线菌，主要侵害2岁以上的牛。不同病原体对组织有不同的亲和力，侵害骨组织者多为牛放线菌，侵害舌和皮肤等软组织者多为林氏放线菌，在发病过程中葡萄球菌有时参与致病。病原体为口腔、咽、扁桃体中的常在菌，谷草上也广为存在。病原体通过口腔黏膜的破损处或经换牙时而感染。该病一般呈散发。

【症状与诊断】牛放线菌好发部位为颌骨、鼻骨以及下颌间隙处、头颈部的皮肤和皮下组织（图2-5）。局部出现硬固的、界限明显的、无热稍痛的硬结，大小不一，似核桃大、双拳大，或更大些。在骨内的放线菌可导致骨组织明显肿大，呈扁平隆起，与周围界限不十分明显。放线菌在组织内感染，引起组织坏死、化脓，病灶可穿透皮肤向外排脓，形成瘘管；脓液中含有坚硬光滑的、黄白色的细小菌块，似硫黄颗粒。骨组织溶解，呈豆腐渣样。当舌体上患病时，舌体增粗变硬，称为"木舌症"。

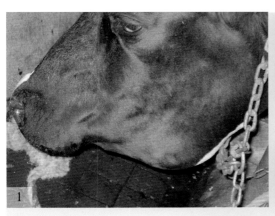 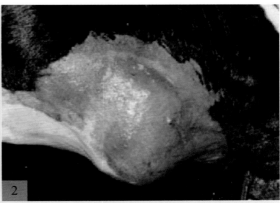

图2-5 牛下颌骨放线菌肿

1—肉牛；2—奶牛

取脓汁中"硫黄颗粒"于试管内，加生理盐水溶解黏液，拣出"硫黄颗粒"置载破片上，加入1滴15%氢氧化钾溶液，盖上盖玻片，压平后镜检。放线菌块压平后呈菊花状，菌丝末端膨大，呈放射状排列，革兰氏染色阳性。

【治疗】手术疗法，对软组织上的放线菌肿可以连同瘘管一并摘除。对骨组织内的放线菌病灶，一般采取先切开骨组织外的软组织，然后对坏死的骨组织采用手术刀挖除和烧烙相结合的方法，将放线菌肿病灶清除，创面不缝合，创伤二期愈合。与此同时，内服碘化钾，成年牛每天5~10g，犊牛每天2~4g，连用2~4周。在用药过程中若出现碘中毒现象（黏膜与皮肤发疹、流泪、脱毛、食欲不振等），应暂停用药5~6天。可同时使用青、链霉素，增强疗效。

第五节　破伤风

破伤风俗称"锁口风"，其特征是病畜全身肌肉或某些肌肉群呈现持续性的痉挛，对外界刺激的反应兴奋性增高。

【病因】病原体是破伤风梭菌，广泛存在于土壤和粪便中，能产生芽孢；革兰氏染色阳性。本菌在机体内能产生外毒素，即痉挛毒素及溶血毒素。毒素在65℃5分钟即可被破坏。本菌的繁殖体抵抗力不强，一般消毒药均能在短时间内将其杀死。芽孢的抵抗力甚强，煮沸需1小时才能杀死。

通常由伤口感染。小而深的伤口(刺伤、钉伤)或创口被泥土、粪便、痂皮封盖，或创内组织损伤严重，或与需氧菌共同感染等，都导致局部厌氧，导致破伤风芽孢的发育。

【症状与诊断】病初咀嚼缓慢，运动稍强拘。随后出现全身骨骼肌强直性痉挛。病畜意识正常，开口困难，采食和咀嚼障碍，重者牙关紧闭，咽下困难，流涎。两耳竖立，不能摇动。瞬膜外突。鼻孔开张。头颈直伸，背腰强拘，腹蜷缩，尾根高举。四肢强直，呈木马状（图2-6）。各关节屈曲困难，运步障碍，转弯或后退更显困难，容易跌倒。反射机能亢进，稍有刺激，病畜惊恐不安。病程一般为8～10天，常因心脏麻痹而死亡。

图2-6　驴破伤风

1—站立呈木马状，耳直立；2—瞬膜外露，牙关紧闭

【治疗】消创：扩创后，应用3%双氧水或0.1%高锰酸钾液冲洗，保持创口开放。用青霉素治疗5～7天。

中和毒素：静脉或肌内注射抗破伤风血清(破伤风抗毒素)，每千克体重0.5万～1.0万单位，抗破伤风血清可在体内保持2周，一次大量注射比少量多次注射效果好。

镇静解痉：静脉注射25%硫酸镁溶液，每日1～2次，直至痉挛缓和为止。或肌内注射氯丙嗪，每日1～2次。

中药：防风、羌活、天麻、天南星、炒僵蚕、川芎、蝉蜕、红花、全蝎、白芷、姜半夏，黄酒为引，连服3～4剂。以后每隔1～2日服1剂，至病情基本稳定时停药观察。

饲养管理：使病畜保持安静，放入较暗的单厩内。不能采食的，喂以豆浆、料水、稀粥等。防止摔倒、碰伤，重病的可用吊带扶持。根据情况，对症治疗。

对发生大创伤、深创伤的，可肌内注射抗破伤风血清以预防发病。

第六节　牛皮肤乳头状瘤

乳头状瘤由皮肤或黏膜的上皮转化而形成。它是最常见的表皮良性肿瘤之一，可发生于各种家畜的皮肤。该肿瘤可分为传染性和非传染性两种，传染性乳头状瘤多发于牛，并散播于体表成疣状分布。

【病因】病原为牛乳头状瘤病毒，具有严格的种属特异性，不易传播给其它动物。传播媒介是吸血昆虫、注射针头或伤口。易感性不分品种和性别，常见于2岁以下的牛。

【症状与诊断】该病毒感染后，潜伏期为3～4个月，其好发部位为家畜的面部、颈部、肩部和下唇，尤以眼、耳的周围最多发；成年母牛的乳头、阴门、阴道有时发生；雄性可发生于包皮、阴茎、龟头部。传染性疣如经口侵入，可于口、咽、舌、食管、胃肠黏膜发生此瘤。

乳头状瘤的外型，上端常呈乳头状或分支的乳头状突起，表面光滑或凹凸不平，可呈结节状与菜花状等，瘤体可呈球形、椭圆形，大小不一，有单个散在，也可多个集中分布（图2-7）。皮肤的乳头状瘤，颜色多为灰白色、淡红或黑褐色。瘤体表面无毛，时间经过较久的病例常有裂隙，摩擦易破裂脱落，其表面常有角化现象。发生于黏膜的乳头状瘤还可呈团块状，但黏膜的乳头状瘤则一般无角化现象，瘤体损伤易出血。乳房、乳头的病灶，则造成挤奶困难。雄性生殖瘤常因交配感染母畜阴门、阴道。

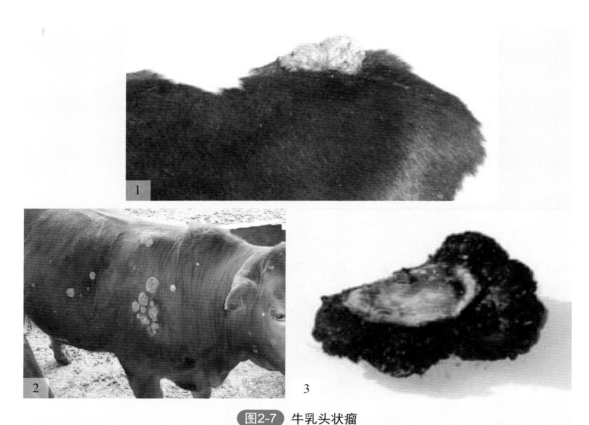

图2-7　牛乳头状瘤

1—荐部菜花样肿瘤；2—全身菜花样肿瘤；3—被切下的肿瘤，肿瘤仅侵害皮肤层

【治疗】采用手术切除，或烧烙、冷冻疗法是治疗该病的主要措施。有些病例，待机体产生抗体后可逐渐自愈。据报道，疫苗注射可达到治疗和预防该病的效果。

第七节　山羊口疮与山羊痘

痘病是由痘病毒引起的一种急性、热性、接触性传染病。近年来，山羊痘的发病率较高，给养羊业造成重大的经济损失。

【病因】山羊痘病毒感染。病毒对皮肤和黏膜有亲和性，皮肤、黏膜的伤口可导致病毒侵入。痘病毒抵抗力强，在干燥的痂块内可存活几年，但易被氯化剂破坏。

【症状与诊断】潜伏期6~8天，羔羊、成年羊均可发病。体温升高，精神不振，食欲下降，结膜潮红，鼻孔有浆液性、黏液性或脓性分泌物流出。呼吸困难。在皮肤无毛或少毛的部位可见到痘疹，如眼周围、唇部、鼻部、乳房、外生殖器、四肢和尾的内侧等，严重的可遍及全身皮肤（图2-8）。初期为红斑，1~2天后形成丘疹，突出于皮肤表面，随后变为半圆形结节。结节进一步发展为水疱、脓疱，干燥后形成结痂。

在前胃、咽和气管黏膜也可以见到痘疹、溃疡或糜烂（视频2-3）。

山羊口疮（羊传染性脓疱）是由羊口疮病毒引起的一种传染病。主要危害3~6月龄羔羊，成年羊较少发病。病羊先在口角、上唇或鼻镜上出现散在的小红斑，逐渐变为丘疹和小结节，继而成为水疱、脓疱，破溃后，结成黄色或棕色的疣状硬痂（图2-8）。病变可波及整个口唇周围及眼睑和耳廓等部位，形成大面积痂垢；痂垢不断增厚，基部伴有肉芽组织增生，整个嘴唇肿大外翻呈桑葚状隆起，影响采食。有的羊在蹄叉、蹄冠或系部皮肤上形成水疱、脓疱，破裂后形成溃疡。病羊跛行，长期卧地。或表现为黏性和脓性阴道分泌物，阴唇及附近皮肤上出现溃疡，乳房和乳头皮肤上发生脓疱、烂斑和痂垢。公羊表现为阴鞘肿胀，出现脓疱和溃疡。但躯干部没有病变，感染部位没有痘疹。

视频2-3
山羊痘

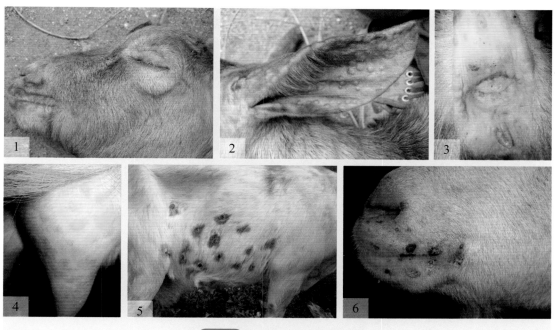

图2-8　山羊痘与山羊口疮

1—唇部、眼睑部痘疹；2—耳部痘疹；3—会阴部痘疹；4、5—乳房和体壁处痘疹；6—山羊口疮

【治疗】对症治疗。患部涂擦0.1%高锰酸钾溶液或碘甘油，体表皮肤可涂擦2%碘酊。注射广谱抗菌药、维生素C和利巴韦林，口服抗病毒中草药，如板蓝根、大青叶等。隔离病羊，未发病羊及时接种疫苗。山羊痘属于一类疫病，需要按照兽医法规的要求做处理。

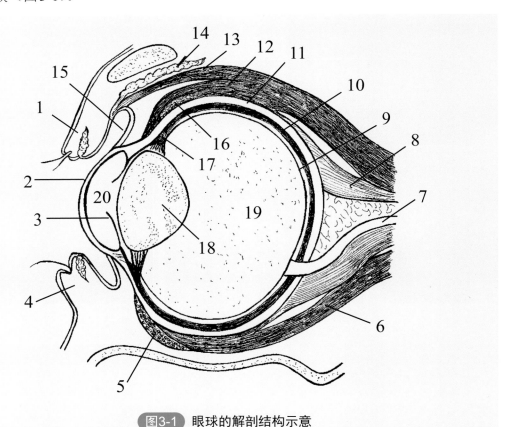

第三章　头颈部及胸部疾病手术

第一节　眼球摘除术

【适应证】眼球肿瘤、全眼球炎、严重的角膜穿孔或继发性眼内感染无法控制时，应实行眼球摘除术。

【解剖特点】眼球中部的眼肌包括上直肌、下直肌、内直肌和外直肌，上、下斜肌与眼球退缩肌，后端借视神经与间脑相连。眼球四条直肌起始于视神经孔周围，包围在眼球退缩肌外周，向前以腱质分别抵止于巩膜表面。眼球退缩肌起始于视神经孔附近，有上、下、内、外四条肌束组成，呈锥形包裹于眼球后部和视神经周围，并抵止于巩膜（图3-1）。

图3-1　眼球的解剖结构示意

1—上眼睑；2—角膜；3—虹膜；4—下眼睑；5—下斜肌；6—下直肌；7—视神经；8—退缩肌；9—视网膜；10—脉络膜；11—巩膜；12—上直肌；13—上睑提肌；14—泪腺；15—球结膜；16—上斜肌；17—睫状体；18—晶状体；19—玻璃体；20—眼前房

【麻醉与保定】全身麻醉配合球后麻醉。患眼在上，侧卧保定。

【手术方法】眼球摘除的方法包括经球结膜摘除法和经眼睑摘除法，家畜多用后者。

上下眼睑常规剪毛、消毒后，将上下睑缘连续缝合，闭合眼睑。在触摸眼眶和感知其范围基础上，在距睑缘1～2cm处，环绕眼睑缘做一椭圆形切口，依次切开皮肤、眼轮匝肌至睑结膜，但必须保留睑结膜完整。一边向外牵拉眼球，一边用弯剪环形分离眼球周围及眼球后的组织，剪断所有直肌和斜肌。当牵拉眼球可做旋转运动时，用小弯止血钳伸至眼球后，紧贴眼球钳夹眼球退缩肌、视神经及其邻近血管，在止血钳外侧将其切断，取出眼球，在止血钳内侧结扎退缩肌和脉管。清创后缝合结膜、眼外肌和眼球囊，对可能有大量渗出的病例，放置引流管。最后结节缝合眼睑皮肤切口，做结系眼绷带（图3-2）。

对眼部感染病例，大量使用抗菌药。术后3～4天应用止痛药和抗炎药。

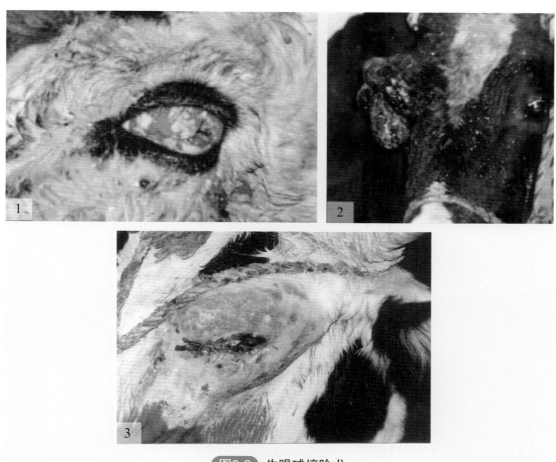

图3-2　牛眼球摘除术

1—眼球化脓、坏死；2—眼球肿瘤；3—眼球被摘除

第二节　鼻旁窦圆锯术

【适应证】适用于鼻旁窦（又称副鼻窦）化脓性炎症、寄生虫病、异物感染或肿瘤的治疗，或适用于上颌后臼齿三度龋齿做牙齿打出术的手术通路等。

【解剖特点】额窦由纵行的中央骨板分为左右两部分，各自独立不通。额窦经卵圆孔与上颌窦后窦相通，后界为额骨颞顶嵴，外界为额骨外嵴、额骨颧突的基部（或眶上突基部）。前界为两侧内眼角连线和两侧面嵴前端连线的中点前1～1.5cm处，内界自两侧内眼角连线分为上下两段，上段以正中线与对侧相隔，下段以距中线2～2.5cm的矢状线为内界。

上颌窦的前界为面嵴前端2～3cm处；后界为眼角的连线。上界为鼻泪管的投影，下界随年龄大小发生变化。上颌窦由完整的中隔板分为前、后两个窦，不相通，中板位于第二臼齿的投影处。前后窦以裂隙分别与鼻颌裂鼻道相通（图3-3）。

额窦和上颌窦内表面有黏膜覆盖。

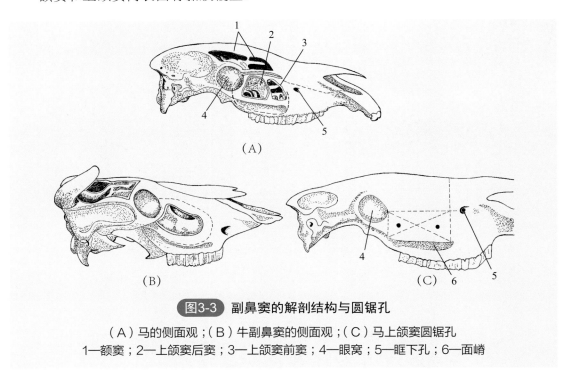

图3-3　副鼻窦的解剖结构与圆锯孔

（A）马的侧面观；（B）牛副鼻窦的侧面观；（C）马上颌窦圆锯孔
1—额窦；2—上颌窦后窦；3—上颌窦前窦；4—眼窝；5—眶下孔；6—面嵴

【术前准备】除一般常用外科器械外，还要准备圆锯、骨膜剥离器、球头刮刀及骨凿等。

【麻醉与保定】全身麻醉配合局部浸润麻醉。柱栏内保定，确保固定头部，或侧卧保定。

【切口定位】

①额窦：眶上孔连线与额中线相交，在交点的两侧1.5～2cm处为左右圆锯孔的正切点。

②上颌窦：自内眼角引一与面嵴的平行线，自面嵴前端做一与此线的垂线。此二线与面嵴和眼眶前缘组成一长方形，长方形对角线组成四个三角形，前后两三角形分别为前、后上颌窦圆锯孔。

【手术方法】在术部做一"U"形皮肤切口，钝性分离皮下组织或肌肉直至骨膜，在中心部位用手术刀十字或瓣形切开骨膜，用骨膜剥离器把骨膜推向四周，其面积比圆锯直径稍大为宜（图3-4）。然后，旋转圆锯，分离骨组织。待接近锯透骨板时彻底去除骨屑，用骨螺子或有齿组织钳向外剔出骨片（图3-5）。除去黏膜，用球头刮刀整理创缘，然后进行窦内检查、除去异物或摘除肿瘤，或打出牙齿等。若以治疗为目的，皮肤一般不缝合或假缝合，外包结系绷带；若以诊断为目的，术后将骨膜进行缝合，皮肤结节缝合，外包结系绷带（视频3-1）。

视频3-1
牛额窦圆锯术

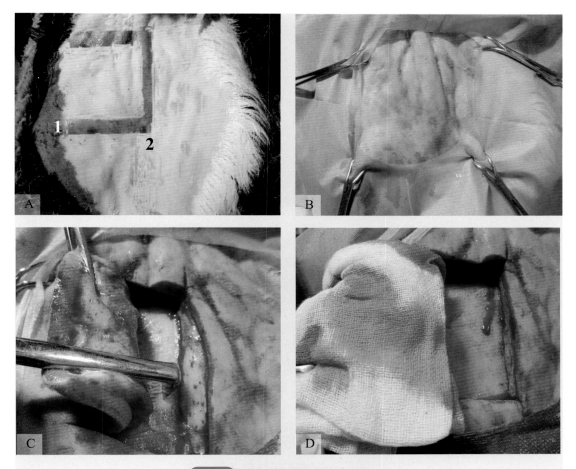

图3-4　牛额窦圆锯术的皮肤切口

A切口定位（图中的1和2分别为眶上突和额中线）；B术部隔离；C切开皮肤，分离骨膜；D保护皮瓣

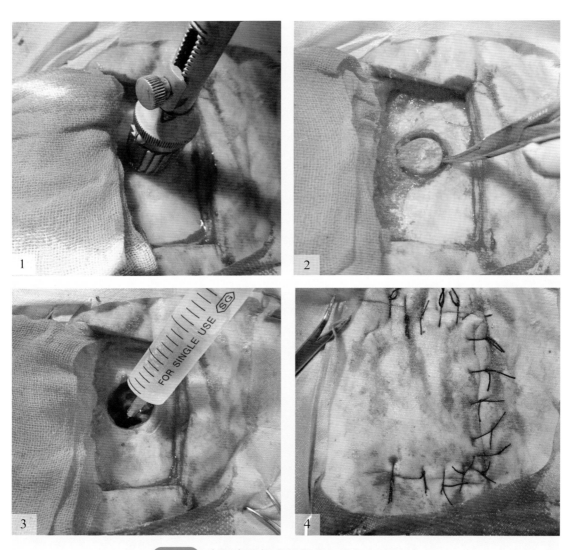

图3-5 牛额窦圆锯术的骨板切开与额窦冲洗

1—用圆锯锯开额骨骨板；2—取出圆形骨片；3—冲洗额窦腔；4—缝合骨膜和皮肤

术后对化脓性炎症，每日进行冲洗，直至炎性渗出停止；在冲洗的同时应用抗菌药疗法。

第三节　牛豁鼻修补术

【适应证】由于管理不善因鼻栓造成鼻部磨损溃烂，或者由于穿鼻的位置不当或者犊牛穿鼻过早等造成的鼻损伤（图3-6）。

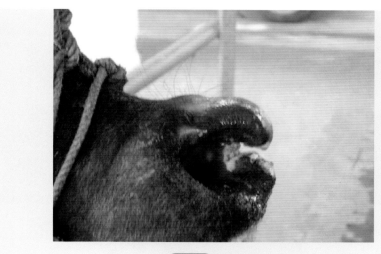

图3-6 牛豁鼻

【麻醉与保定】全身麻醉配合两侧眶下神经传导麻醉。站立保定，躁动不安的牛也可侧卧保定。

【手术方法】将鼻镜上唇洗净，消毒，削去上部游离端黑色表皮，使成突出的公榫，在下部断面则挖成一凹陷形状，大小、深度与公榫相当的母榫（图3-7）。以鼻中线为界，左右各做一纽扣缝合，下端缝线自皮内穿过。缝线穿过公榫矩形的四个角，以保证公母榫对合密切（图3-8、图3-9）。用0.1%新洁尔灭洗净术部凝血块并用纱布吸干后，再以2%碘酊消毒，将公榫对合入母榫内，把鼻端两根埋藏缝合的线尾抽紧打结。然后，在创口结合部的左、中、右各做一针结节缝合。

术后保持术部清洁，在7天内除吃草、饮水外，平时均要求戴口笼，防止舌头舔舐术部。第7～8天拆除缝线（视频3-2）。

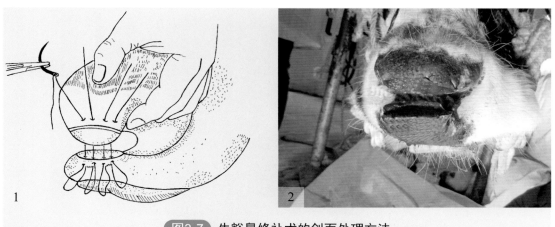

图3-7 牛豁鼻修补术的创面处理方法

1—修补术示意；2—手术制作公榫（上凸）与母榫（下凹）

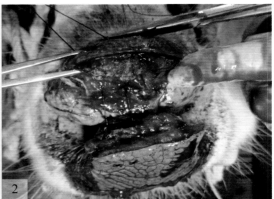
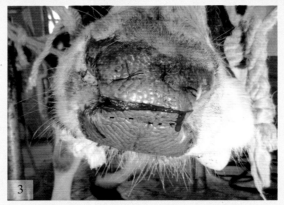

图3-8　纽扣缝合法对合两断端

1—自上部开始做纽扣缝合，进针点偏内侧；2—缝线在下部皮下穿行；3—缝置好纽扣缝合后一起打结，外侧创口微裂开

视频3-2

牛豁鼻修补术

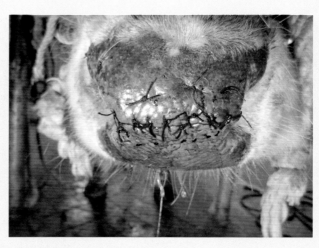

图3-9　间断缝合外侧创缘

第四节　舌损伤修补术

【适应证】适用于各种原因造成的舌损伤。

【麻醉与保定】全身麻醉配合舌神经传导麻醉。站立保定或侧卧保定。

【手术方法】对损伤面小的，用1%高锰酸钾液冲洗，然后涂布碘甘油或撒布青黛散。若创口裂开较大，不要轻易将舌剪除，应力争进行舌缝合。初发生的损伤，用0.1%高锰酸钾液彻底清洗口腔，将舌经口角缓缓引出，用消毒绷带在舌体后方系紧，清洗舌创面后做水平纽扣缝合（图3-10），并在创缘对合处补充间断缝合（图3-11）。对陈旧性严重舌损伤，应首先做适当的修整术，造成新鲜创面，创面做成楔状，清洗消毒后缝合。如果舌坏死，将坏死的部分切除。

术后5天内禁止动物采食，可以饮水，可用胃管经鼻投喂。5～7天后可给予软而嫩的青草或干草等供动物采食。饲喂后要用1%高锰酸钾液冲洗口腔。10～12天后拆线。

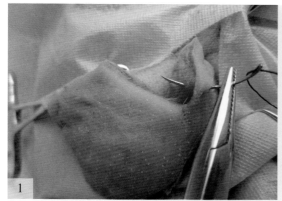
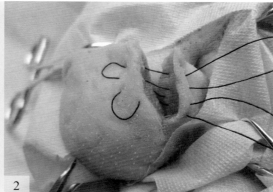
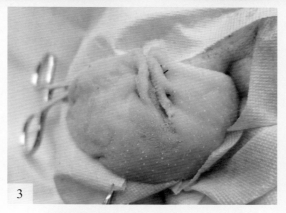

图3-10　舌创伤的纽扣缝合方法

1—针自舌背面穿至舌腹面黏膜下；2—缝置好几个纽扣缝合后一起打结；3—舌断面靠近对合

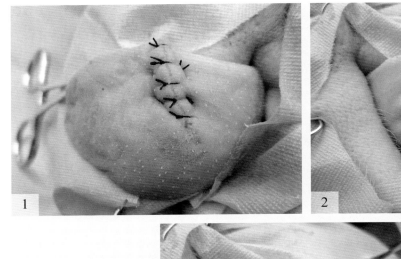

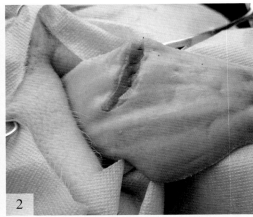

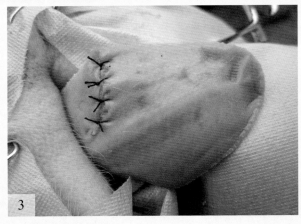

图3-11　舌吻合术的补充缝合方法

1—舌背面的间断缝合；2—舌腹面创口微裂开；3—舌腹面的间断缝合

第五节　牛角截断术

【适应证】性情暴烈的牛攻击人畜；牛角不正形弯曲，其生长损伤眼或其他软组织，均需施行断角术。此外，在角部复杂性骨折的治疗中应除去牛角。

【解剖特点】牛角的基础为额骨，角窦腔与额窦腔相通，包括骨膜、真皮和角壳。角动脉是颞浅动脉的分支，沿额骨外嵴向上终止于角，分布于角真皮层、骨膜和哈弗斯管。角神经是眼神经的分支，沿角动脉的上方、额骨外嵴上行终止于角；角神经到角基部之前，分出6～7支分布于角真皮、角周围的皮肤、耳郭。

【麻醉与保定】全身麻醉配合角神经传导麻醉。针刺点在眶上突与角基部之间的中点，额骨外嵴之下，角动脉的上方（图3-12）。柱栏内保定，确切固定头部。

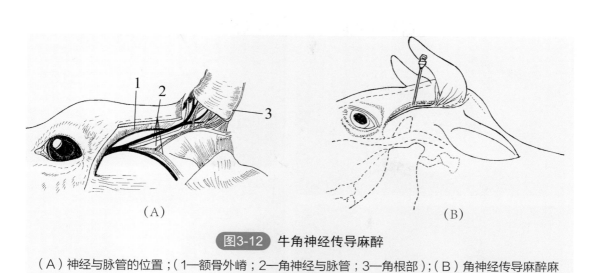

（A）　　　　　　　　　　　　　　　　　　　（B）

图3-12　牛角神经传导麻醉

（A）神经与脉管的位置；（1—额骨外嵴；2—角神经与脉管；3—角根部）；（B）角神经传导麻醉麻
　　　　醉注射点

【切口定位】观血断角术时其切口常位于角基部，以防角再生。

【手术方法】犊牛出生后常用热去角法，用电加热器直接破坏角基部的生发层。
成年牛去角术包括下列两种方法。

①观血断角术：手压迫角动脉，用锯或断角器在预定部位切断角突，立即涂
上骨蜡，并用灭菌纱布包扎。纱布上可撒布磺胺粉或其他抗菌药粉，打角绷带
（图3-13）。

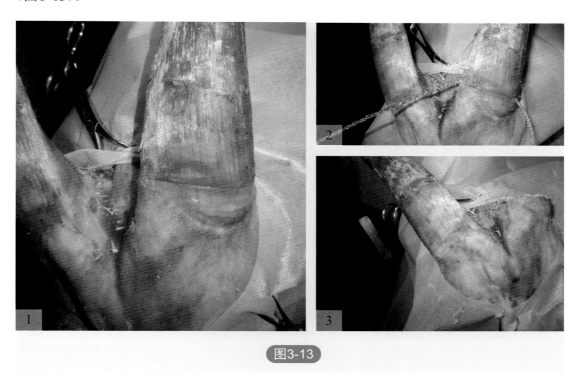

图3-13

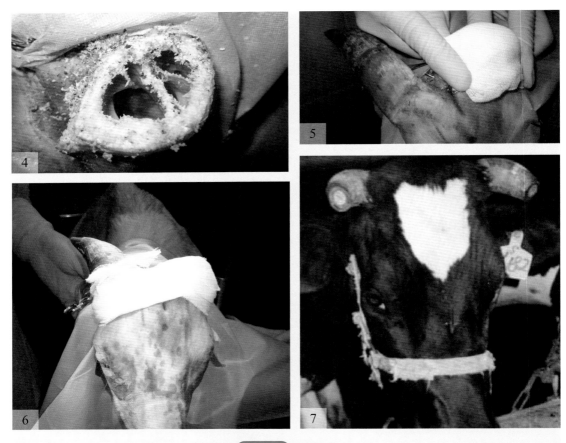

图3-13 断角术

1—自羊角基部断角，保留角突4~6cm长；2—用线锯锯断角突；3、4—被锯断的角突；5、6—包
扎角突；7—断角后的奶牛，保留角突10~15cm

②无血断角法：切口在角窦的上方，不破坏角窦，不出血，不打绷带。

术后注意绷带是否松脱，1～2个月后断端角窦腔被新生角质组织充满。若感染
引起颌窦炎和化脓，按化脓性窦炎处理。

第六节　牛羊脑部多头蚴包囊摘除术

【适应证】当多头蚴侵入牛或羊脑内或颅腔内时，以诊断或治疗为目的施行本手术。

【解剖特点】羊的颅腔从上面看似长方形，前界在眶上孔连线，后界为枕嵴，侧
界经角的基部（母羊为角结节）的内缘向后到颞嵴的连线，可分为额部、顶部、颞部
和枕部。羊的颅盖除有薄的耳肌外，不覆盖肌肉，故额部、顶部都可被选为脑的手术
通路。

额窦是内外骨板组成的腔洞，内外骨板间由骨板障连接，内骨板下方为硬脑膜。新生犊内外骨板靠近，无明显的间隙，随着年龄的增长，骨板变厚，窦腔增大，成年时则发育完整。牛的额窦前界在两眼眶前缘连线，侧界为额骨的外侧缘（颞窝上嵴）及眶上突根部，后界为枕骨嵴。

颅腔内容纳大、小脑。在脑颅内嵴的矢状线上有大脑镰附着在矢状嵴上，内含纵行静脉窦，在顶间骨水平，有小脑幕附着于横嵴，含有横行静脉窦。硬脑膜紧贴颅盖内面，它和颅顶骨的骨内膜相互结合。因此，颅顶骨膜与硬脑膜之间没有硬膜外腔做缓冲。硬脑膜和脑蛛网膜之间有硬膜下腔，充满淋巴液。

【麻醉与保定】全身麻醉配合局部浸润麻醉。侧卧或俯卧保定，圆锯孔部向上。

【切口定位】牛后界为两角根连线，前界为两眼眶突连线，上界为中线。羊前界为两眼眶后缘的连线，不超过眶上孔的连线，后界为枕嵴（图3-14）。

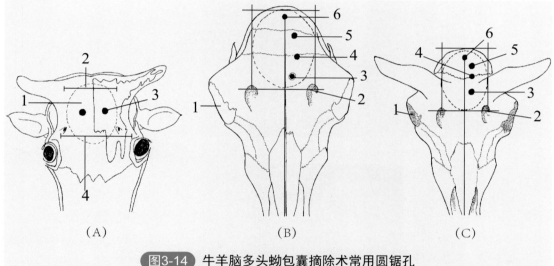

（A）　　　　　　　　　　（B）　　　　　　　　　　（C）

图3-14　牛羊脑多头蚴包囊摘除术常用圆锯孔

（A）牛圆锯孔定位（1—颅腔；2—两角根连线；3—圆锯孔；4—两眶上突连线）；（B）无角羊的圆锯孔定位；（C）有角羊圆锯孔定位

1—眼眶；2—眶上孔；3—额叶圆锯孔；4—顶叶、颞叶圆锯孔；5—枕叶圆锯孔；6—小脑圆锯孔

【手术方法】"U"字形切开皮肤、皮下组织至骨膜，剥离骨膜，形成带有骨膜的皮瓣（图3-15）。2.5岁以下的牛，常无额窦腔，打开骨板即显露硬脑膜。2.5岁以上的牛，多有额窦腔，内骨板需用圆头圆锯打开，羊无额窦腔，仅用圆头圆锯打开。用咬骨钳扩大内骨板。硬脑膜因脑内压升高而外膨，若无脑膜膨出，常为部位不准确或虫体位置深（图3-16）。用一套管针缓缓刺入脑组织，出现落空感时抽出针芯，由针头喷出无色透明液体。

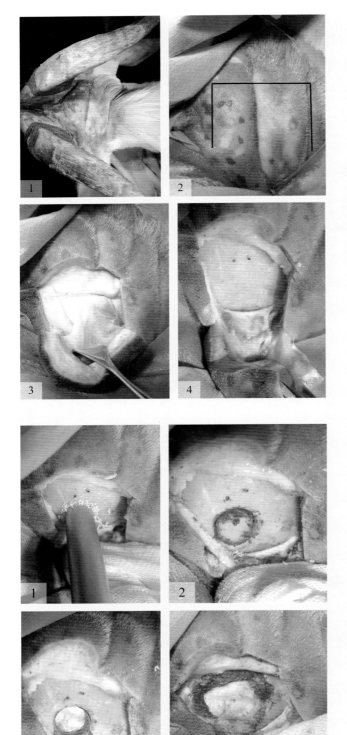

图3-15　羊开颅术皮肤切开法

1—术部准备；2—切口定位；3—"U"形皮肤切口；4—分离骨膜、皮瓣

图3-16　羊开颅术骨板切开法

1—用齿状圆锯锯开骨板；2—术中观察骨板锯开的深度；3—显露硬脑膜；4—用咬骨钳扩大骨板切口，硬脑膜外凸

牛可放出 50 ～ 100mL 液体，羊 5 ～ 10mL 液体。探测穿刺的速度宜慢，禁向中间矢状面穿刺。放出液体后，用手术刀在硬脑膜上切一小孔，用细小的止血钳朝包囊方向刺入，钳夹包囊壁并捻转，一边捻转，一边退出止血钳（图3-17）。位置过深的包囊，可向包囊内注入1%碘化钾杀死虫体，不取出包囊。缝合硬脑膜后，做皮肤和骨膜切口缝合（图3-18）。

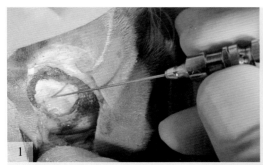

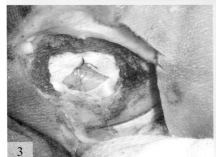

图3-17　脑多头蚴包囊取出法

1—用穿刺针探刺包囊；2—抽出囊内液体；3—切开硬脑膜；4—沿针刺方向刺入止血钳，钳夹包囊
并捻转取出

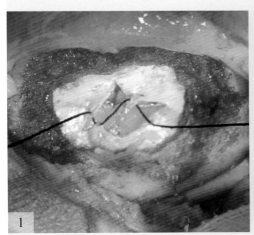
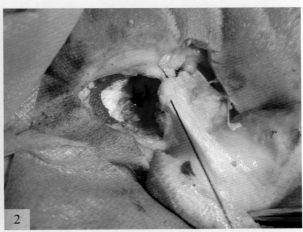

图3-18

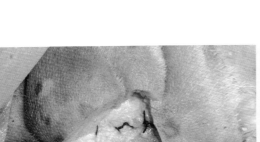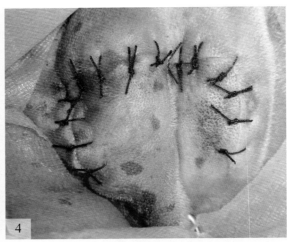

图3-18 开颅切口闭合法

1—缝合硬脑膜切口；2、3—缝合骨膜与皮下组织；4—缝合皮肤切口

术后仍转圈的牛，应护理观察3～4天，以排除脑内出血的影响。在大脑部的包囊，只要脑组织损伤不严重，一般都能康复。而小脑部位的术后一般不能站立，需躺卧3～7天，应用抗菌药7~10天。重症或有严重并发症的羊，建议屠宰。

第七节　气管切开术

【适应证】上呼吸道急性炎性水肿，鼻骨骨折，鼻腔肿瘤和异物，双侧返神经麻痹；或由于某些原因引起气管狭窄等，使动物产生完全的上呼吸道闭塞，窒息而有生命危险时，气管切开常作为紧急治疗手术。

【解剖特点】气管起自喉的环状软骨，沿颈椎腹侧头长肌和颈长肌的下方向后延伸。在颈的前半部腹侧部，其被覆层较薄，容易从体表摸到；在颈的后半部则被胸头肌等所覆盖（图3-19）。

气管呈圆筒状，背腹稍压扁，中部气管的软骨环最宽，向两端变窄，软骨环由气管环间韧带连接。软骨环的外面被有与软骨结合的致密结缔组织和脏筋膜。脏筋膜与食管周围的筋膜、血管神经束的筋膜连接在一起。

【麻醉与保定】全身镇静配合局部浸润麻醉。仰卧保定，或大动物施柱栏内站立保定，高抬头部，颈部伸直。

【切口定位】在颈部上1/3与中1/3交界处（颈部菱形区），颈腹中线上做切口。牛在颈腹部皱襞肉垂的一侧切开皮肤。

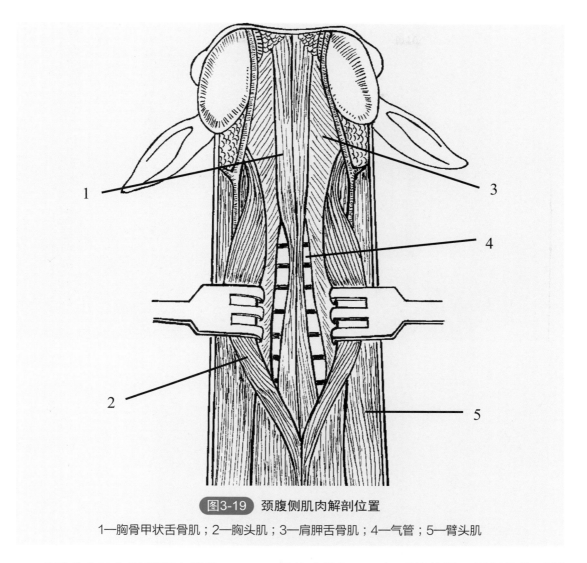

图3-19 颈腹侧肌肉解剖位置

1—胸骨甲状舌骨肌；2—胸头肌；3—肩胛舌骨肌；4—气管；5—臂头肌

【手术方法】沿颈腹中线做5～7cm长的皮肤切口，切开浅筋膜，用创钩拉开创口，止血。在创的深部寻找两侧胸骨舌骨肌之间的白线，并将其切开，分离肌肉和深层气管筋膜，暴露气管（图3-20）。气管切开前彻底止血，以防创口血液流入气管。气管切开法常用的有以下两种：

①在邻近两个气管环上各做一半圆形切口，形成一个近圆形的孔（图3-21）。切软骨环时用镊子夹住，避免软骨片落入气管。然后，将准备好的气导管插入气管内，用线或绷带固定于颈部。皮肤切口上、下角各做1～2个结节缝合。

②切除1～2个软骨环的腹侧，造成方形"天窗"。用间断缝合将气管黏膜创缘与相对的皮肤创缘缝合，形成永久性的气管瘘（图3-22）。

术后防止动物摩擦术部，经常检查气管导管装置情况，每日清洗气管导管，除去附着的分泌物和干涸血痂。注意导管气流声音的变化，如有异常，及时纠正。

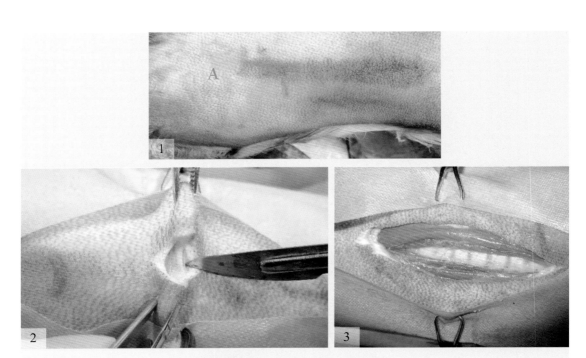

图3-20 气管手术的软组织切开法

1—切口定位（图中A为甲状突起）；2—皱襞切开皮肤；3—显露气管

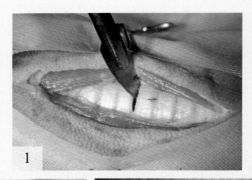

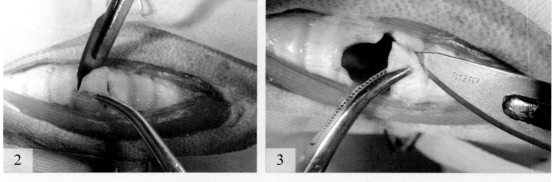

图3-21 气管造口术的气管环切除法

1—手术刀平行软骨刺透环间韧带；2、3—钳夹软骨环，切除韧带前后的半月形软骨瓣

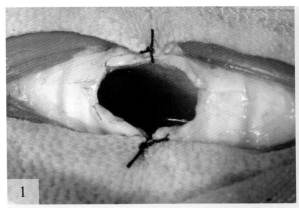
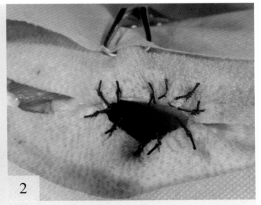
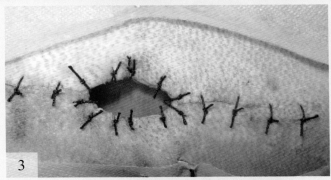

图3-22 气管造口术

1—自中部做气管黏膜与皮肤创缘的间断缝合；2、3—先完成气管造口术的一周间断缝合，然后闭合
上下两端的软组织切口

第八节　食管切开术

【适应证】当家畜食管发生梗塞，用一般保守疗法难以除去时，采用食管切开术。另外，食管切开也应用于食管憩室的治疗和新生物的摘除。

【解剖特点】食管口侧沿喉和气管的背侧向后行走，约自第4颈椎开始逐渐偏至气管的左侧。在进入胸腔之前（第7颈椎水平），转到气管左背侧，在胸腔内第3胸椎水平则转到气管的背侧，向后越过主动脉弓的右侧和胸主动脉下方的纵隔内，最后穿过膈食管裂孔，进入腹腔。颈静脉沟的下方为胸头肌，上方为臂头肌。在颈中1/3处，食管的背侧为左颈长肌，右腹侧为气管，左侧有迷走交感神经干、颈总动脉、胸头肌、臂头肌、肩胛舌骨肌、颈静脉。食管壁纤维板（外层），又称外膜，为白色结缔组织，被深筋膜包围，无浆膜（图3-23）；颈部食管肌层为横纹肌，自心脏基部转变为平滑肌；贲门部增厚为括约肌；黏膜下层疏松、扩张能力强；黏膜层呈灰白色，为复层扁平上皮，纵向皱褶状，松弛。

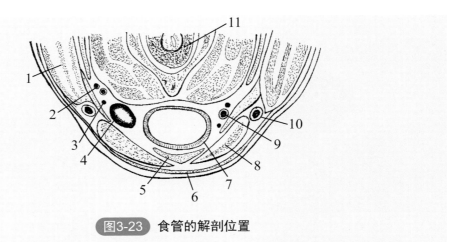

图3-23 食管的解剖位置

1—臂头肌；2—迷走神经干；3—返神经；4—食管；5—胸骨甲状舌骨肌；6—皮肌；7—气管；
8—胸头肌；9—颈总动脉；10—颈静脉；11—颈椎

【麻醉与保定】全身麻醉配合局部浸润麻醉。右侧卧保定，头颈伸直，大动物可站立保定。

【切口定位】包括左侧颈静脉上方切口与颈静脉下方切口（图3-24），上方切口路径近，下方切口较远，但下方切口的创液或术后感染不易损伤颈静脉。

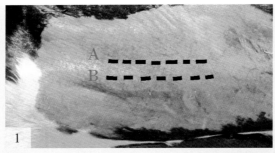

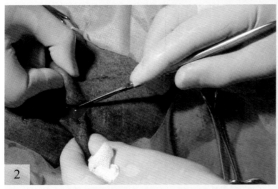

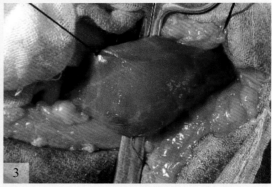

图3-24 食管切开术的切口

1—切口定位（图中的A和B分别为上下切口部位）；2—皱襞切开皮肤；3—隔离食管，在食管切口
两端缝置牵引线

【手术方法】沿臂头肌下缘0.5～1.0cm或胸头肌上缘做12～15cm长（马、牛）的皮肤切口。切开皮肤、皮肌和筋膜，钝性分离颈静脉和肌间疏松组织，不易分离的用剪刀剪断，但应保护颈静脉周围的筋膜。钝性分离肩胛舌骨肌后剪开深筋膜，至气管的背侧寻找食管。

视频3-3
马颈部食管切开术

钝性分离食管周围的筋膜，游离食管。将食管牵引至切口外，用生理盐水纱布隔离、固定。若梗塞时间短，食管壁损伤轻，可在梗塞物处切开食管壁；若梗塞时间长，食管壁炎性水肿，应在梗塞物下方切开食管壁。切开全层食管壁，取出异物，擦净唾液和血液，用酒精棉球擦拭消毒后缝合食管切口（视频3-3）。食管做两层缝合，第一层用可吸收线内翻缝合黏膜层，第二层用可吸收线对纤维肌肉做结节缝合（图3-25）。食管周围的筋膜、肌肉和皮肤分别做间断缝合。若食管坏死，行食管开放术，创内填防腐液纱布，皮做假缝合。每天处理伤口，直至完成二期愈合。

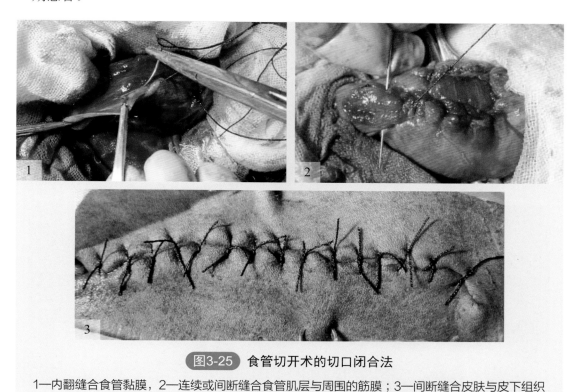

图3-25　食管切开术的切口闭合法

1—内翻缝合食管黏膜，2—连续或间断缝合食管肌层与周围的筋膜；3—间断缝合皮肤与皮下组织

若梗塞物位于胸腔中段或前段食管内，需要做开胸术（左侧第6~8肋间或截除第6肋骨）。若梗塞物位于贲门附近，可做胃切开术，用长钳经贲门取出异物。

术后1～2天禁食禁饮，静脉供给营养；以后喂柔软饲草或流汁食物。全身应用抗菌药5~7天，防止感染；食管愈合需10～12天。

第九节　肋骨切除术

【适应证】当肋骨骨折、骨髓炎、肋骨坏死或化脓性骨膜炎时，可作为治疗手段进行肋骨切除手术，又可作为通向胸腔或腹腔前部的手术通路。

【麻醉与保定】全身麻醉配合肋间神经传导麻醉或局部浸润麻醉。健侧卧保定，大家畜常采用站立保定。

【切口定位】在欲切除肋骨的正中部做切口，切口下角接近肋软骨的结合部。

【手术方法】沿肋骨中轴直线切开皮肤、浅肌膜、胸深筋膜和皮肌，显露肋骨的外侧面。用创钩扩开创口。在肋骨中轴纵行切开肋骨骨膜，并在骨膜切口的上、下端做补充横切口，形成"工"字形骨膜切口。用骨膜剥离器剥离骨膜（图3-26）。然后，用骨剪或线锯切断肋骨的两端，断端用骨锉锉平，以免损伤软组织或术者的手臂（图3-27）。拭净骨屑及其他破碎组织。关闭手术创时，先将骨膜展平，用可吸收缝线做间断或连续缝合。肌肉、皮下组织分层做常规缝合（图3-27，视频3-4、视频3-5）。

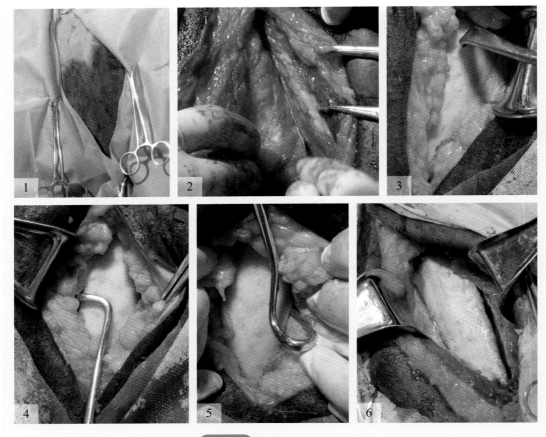

图3-26　肋骨的显露方法

1—术部隔离；2—切开皮肤、皮肌和骨膜；3—剥离骨膜（骨板骨膜剥离器）；4、5—剥离骨膜（肋骨骨膜剥离器）；6—牵开骨膜

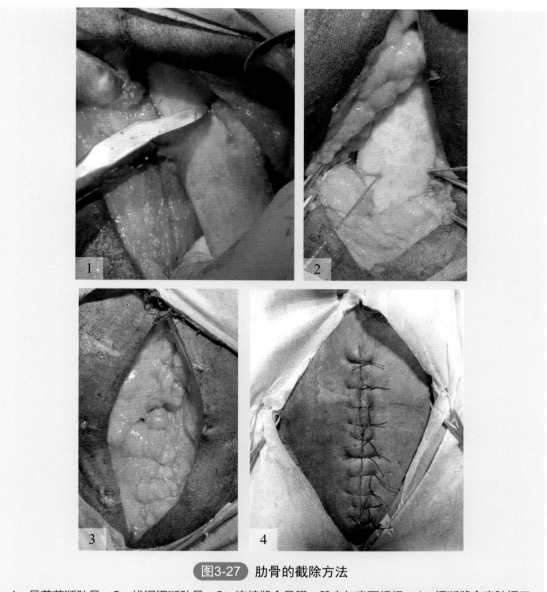

图3-27　肋骨的截除方法

1—骨剪剪断肋骨；2—线锯锯断肋骨；3—连续缝合骨膜、肌肉与皮下组织；4—间断缝合皮肤切口

视频3-4

牛肋骨截除术-骨剪截骨法

视频3-5

牛肋骨截除术-线锯截骨法

第四章 腹疝手术

第一节 脐疝修补术

小的脐疝，在5～6月龄后常逐渐消失。对长时间不消失的小脐疝或体积较大的脐疝多需要手术修补。

【解剖特点】胎儿的脐静脉、脐动脉和脐尿管通过脐管走向胎膜，它们的外面包围着疏松结缔组织。当胎儿出生后脐带被扯断，血管和脐尿管就变空虚不通，而四周结缔组织增生，在较短时间内完全闭塞脐孔。如果断脐不正确（如扯断脐带血管及尿囊管时留得太短）或发生脐带感染，腹壁脐孔则闭合不全。此时若动物出现强烈努责或用力跳跃等情况致腹内压增加，腹腔脏器易通过脐孔进入皮下形成脐疝（图4-1、图4-2，视频4-1）。

【术前准备】术前禁食，牛24~36小时，单胃动物12~24小时；停止饮水4~6小时。

【麻醉与保定】全身麻醉配合局部浸润麻醉。仰卧保定。

【手术方法】切口在疝囊底部，呈梭形或椭圆形。皱襞切开疝囊皮肤，仔细切开疝囊壁，以防伤及疝囊内的脏器。认真检查疝内容物有无粘连和变性、坏死。仔细剥离粘连的肠管，若有肠管坏死，需行肠部分切除术。若无粘连和坏死，可将疝内容物直接还纳腹腔内，然后缝合疝轮（图4-3、图4-4）。

视频4-1
奶牛脐疝

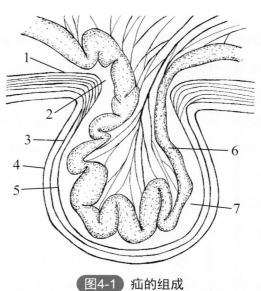

图4-1 疝的组成

1—腹膜；2—疝轮；3—囊壁组织；4—皮肤；
5—疝囊内层；6—疝内容物；7—疝囊腔

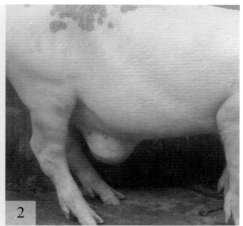

图4-2　脐疝

1—奶牛脐疝；2—猪脐疝；3—内容物被还纳，手指摸到疝轮

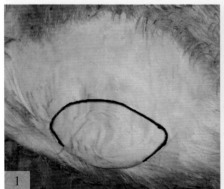
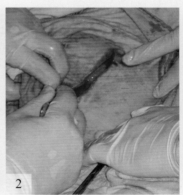
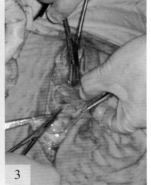

图4-3　切开疝囊

1—在疝底部做椭圆形皮肤切口；2—先切开一侧疝囊；3—分离疝囊壁至囊腔

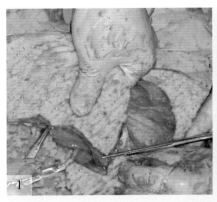
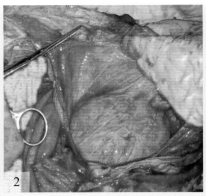

图4-4 切除多余的疝囊壁与剥离粘连

1—分离粘连，切除囊底部；2—修剪囊壁；3—分离腹底壁粘连

　　将腹膜囊推入腹腔，用可吸收缝线做内翻缝合，然后再用丝线闭合疝轮。若疝轮较小，可直接做荷包缝合或纽扣缝合，但缝合前需将疝轮光滑面做轻微切割，形成新鲜创面，以便于愈合。如果病程较长，疝轮的边缘变厚变硬，此时一方面需要切割疝轮，形成新鲜创面，进行纽扣缝合；另一方面在闭合疝轮后，需要分离囊壁形成左右两个纤维组织瓣，将一侧纤维组织瓣缝在对侧疝轮外缘上，然后将另一侧的组织瓣缝合在对侧组织瓣的表面上。闭合疝轮时，先穿好缝线，最后一并逐个拉紧打结（图4-5）。

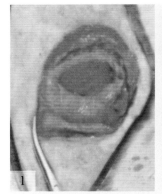
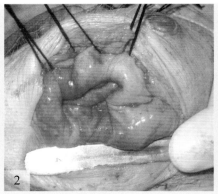
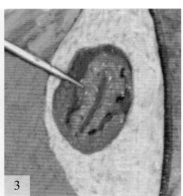

图4-5 缝合疝轮

1—修剪疝轮；2—水平纽扣缝合法闭合疝轮；3—间断缝合疝囊壁

　　若公畜的包皮覆盖疝轮，可沿包皮做"U"形切口，将包皮翻向后方。疝修补后再将包皮复位。修整皮肤创缘，皮肤做结节缝合和减张缝合。

　　术后不宜喂得过饱，限制剧烈活动，防止腹压增高。术部包扎腹绷带，保持7～10天，可减少复发。连续应用抗菌药5～7天。

第二节　腹壁疝修补术

外伤性腹壁疝是由于腹肌或腱膜受到钝性外力的作用而发生破裂，腹腔脏器通过破裂口进入皮下形成腹壁疝。腹底壁手术切口在术后裂开，也可发生腹壁疝（图4-6）。

腹壁疝内容物多为肠管（小肠），但也有网膜、真胃、瘤胃、膀胱、妊娠子宫等各种脏器，并经常与相近的腹膜或皮肤粘连，尤其是在伤后急性炎症阶段更为多见。

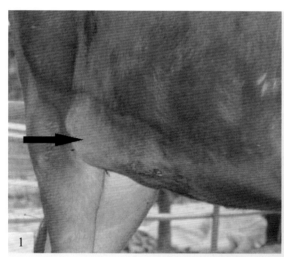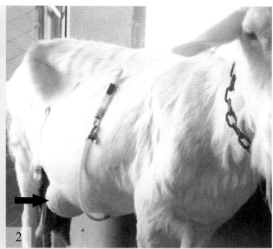

图4-6　牛（1）、羊（2）腹壁疝

【术前准备】术前做好确诊，停喂2~3顿，停止饮水6~8小时，以降低腹内压。受伤后24~72小时为急性炎症阶段，不宜手术修补。

【麻醉与保定】全身麻醉配合局部麻醉。侧卧或仰卧保定，患侧在上；或站立保定（常用于上腹部腹壁疝）。

【手术方法】在病初尚未粘连的，可在疝轮附近做切口；如已粘连须在疝囊处做一皮肤梭形切口。钝性分离皮下组织，将内容物还纳入腹腔，缝合疝轮，闭合手术创。

①新患腹壁疝。当疝轮小、腹壁张力不大时，若腹膜完整，分离腹膜并对其做束状结扎或荷包缝合；若腹膜已破裂用可吸收缝线缝合腹膜和腹部肌肉，然后用简单间断缝合法闭合疝轮，皮肤结节缝合。当疝轮较大、腹壁张力大时，腹膜与腹部肌肉一起缝合后，先用粗丝线做减张缝合，然后在无张力的情况下对疝轮做间断或纽扣缝合，皮肤结节缝合。

②陈旧性腹壁疝。因疝轮大部分已瘢痕化、肥厚、硬固，需将瘢痕化的结缔组织用外科刀切削成新鲜创面，用纽扣缝合法闭合疝轮；如果疝轮过大，还需用邻近的组

织制作组织瓣或用人造疝修补网（如金属丝，合成纤维如聚乙烯、尼龙丝等）修补疝轮。切开皮肤后，先用刀将疝囊的皮下纤维组织与皮肤分离。然后，切开疝囊，用刀切削瘢痕化的疝轮边缘，形成新鲜创面。闭合时，先闭合腹膜伤口，然后将一侧的纤维组织瓣用纽扣缝合法缝合在对侧的疝轮组织上，根据疝轮的大小做若干个纽扣缝合；再将另一侧的组织瓣用纽扣缝合法覆盖在对侧组织瓣的上面。用减张缝合法闭合皮肤切口。

术后限制饮食，预防便秘，降低腹内压，减少运动，禁止做跳跃等剧烈运动。

第三节　腹股沟疝与阴囊疝修补术

腹股沟疝是指腹腔脏器通过扩大的腹股沟内外环脱到鞘突（腹股沟）内（图4-7）。阴囊疝是指腹腔脏器通过扩大的腹股沟内外环脱到腹股沟管和阴囊内。多见于公马、公猪。公畜的腹股沟疝、阴囊疝有遗传性，发病与腹股沟环的异常扩大有关；腹内压增高，如公畜配种、剧烈挣扎、便秘、母畜分娩等可促进发病。

图4-7　母猪腹股沟疝

【解剖特点】腹股沟管是漏斗形的肌肉缝隙，位于腹外斜肌和腹内斜肌之间，分为内环（口）和外环（口），其方向与耻前腱的侧缘至髋结节的连线基本一致（图4-8）。内环由腹内斜肌后缘和腹股沟韧带组成，口呈卵圆形，腹内斜肌后缘构成其前壁和侧壁，腹股沟韧带为其后壁。腹股沟韧带是腹外斜肌腱膜自髋结节至耻前腱的增厚部分。耻前腱主要为腹直肌腱在耻骨前缘的增厚、附着部分，也是腹斜肌、股薄肌和耻骨肌的附着部；位于耻骨前缘和髂耻隆起部，斜向后上方。外环在耻前腱的外侧，是腹外斜肌腱膜中的裂孔。腹股沟管内公畜有精索、鞘膜、睾外提肌、阴部外动静脉、腹股沟淋巴管和神经；母畜有阴部外脉管和神经。

总鞘膜由腹横筋膜和腹膜壁层组成，在阴囊内形成总鞘膜腔，总鞘膜腔通过鞘膜管与腹腔相通。鞘膜管是腹股沟管内的腹膜管，有内、外两口（母畜无外口，为盲管），分别与腹腔和总鞘膜腔相连。

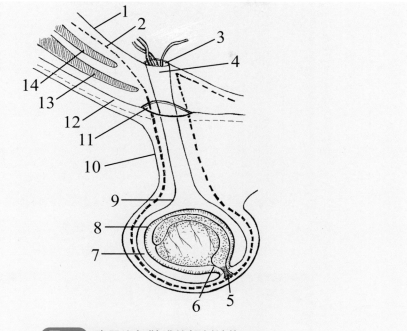

图4-8　腹股沟与鞘膜的解剖结构

1—腹膜；2—腹横筋膜；3—腹股沟内环；4—鞘环；5—阴囊韧带；6—附睾尾韧带；7—鞘膜腔；8—脏层总鞘膜；9—壁层总鞘膜；10—皮肤；11—腹股沟外环；12—腹外斜肌腱膜；13—腹内斜肌；14—腹横肌

【术前准备】腹股沟疝、阴囊疝常发生嵌闭，动物表现为阴囊肿大、剧烈腹痛，常伴有电解质和酸碱平衡紊乱，术前、术后需要镇静、止痛、输液、强心、抗休克。一旦确诊，需要马上手术。

【麻醉与保定】全身麻醉配合局部麻醉。仰卧或后躯半仰卧保定。

【手术方法】

①阴囊疝修补术。若不是为了保留优良的种公畜，整复手术常与公畜去势术同时进行。在阴囊颈部前外侧沿腹股沟管切开皮肤，剥离总鞘膜，一边整复疝内容物一边向外牵引总鞘膜。大家畜可同时由助手自直肠内帮助牵引、整复。整复后，将总鞘膜及精索捻转数周后于距离腹股沟外环3～4cm处用丝线双重贯穿结扎精索和总鞘膜，连同总鞘膜一并切除睾丸。将切断的精索游离端送回腹股沟管中作为生物填塞，用可吸收缝线在每侧缝1～2针。腹股沟管外环处用丝线做2~3针纽扣缝合（图4-9）。

对肠管脱出较多且又发生嵌闭的阴囊疝，必须先将腹股沟环扩大。若保留种公畜的睾丸，需要先切开总鞘膜，整复疝内容物后对腹股沟内外环用丝线做纽扣缝合，以缩小腹股沟管环的内径，但不能妨碍睾丸的血液供应（图4-10）。

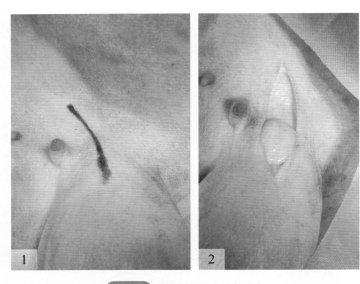

图4-9　腹股沟外环显露术

1—切口定位；2—切开皮肤与皮下组织

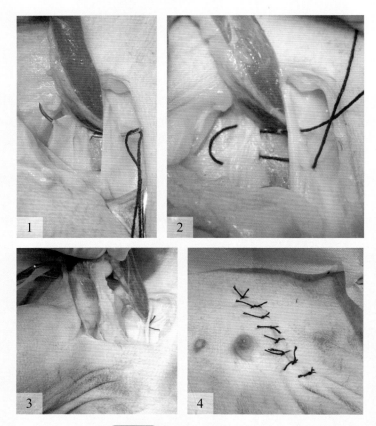

图4-10　腹股沟外环闭合术

1、2—纽扣缝合闭合腹股沟外环；3—做2~3个纽扣缝合；4—间断缝合皮肤切口

非种用家畜，实施被睾或露睾去势术。切开总鞘膜，还纳肠管后，分别结扎精索和总鞘膜（图4-11）。纽扣缝合闭合腹股沟内外环（图4-12）。在阴囊底部做一全层小切口，以供术后排液。结节缝合皮肤（图4-13）。

②腹股沟疝修补术。平行于腹皱褶，在外环处疝囊的中间切开皮肤，钝性分离疝囊周围的疏松组织，暴露疝囊，向腹腔挤压疝内容物，或抓起疝囊扭转迫使内容物通过腹股沟管整复到腹腔。若不易整复，可切开疝囊或扩大腹股沟管。紧贴疝囊内缘结扎疝囊后，切除疝囊。然后，用纽扣缝合法将腹股沟环闭合；闭合皮下组织和皮肤切口。

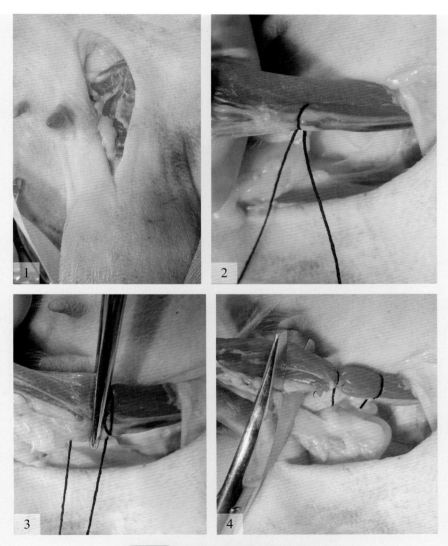

图4-11 腹股沟外环处精索结扎术

1—切口定位并切开皮肤；2—贯穿结扎精索脉管、总鞘膜与提睾肌；3—在收紧第一结扣的同时松去止血钳；4—在双重结扎的远端剪断精索脉管和提睾肌

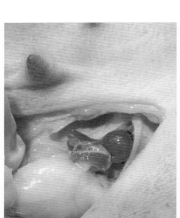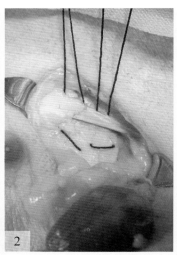

图4-12 腹股沟外环闭合的方法

1—将精索断端送入腹股沟管内；2—纽扣缝合腹股沟外环

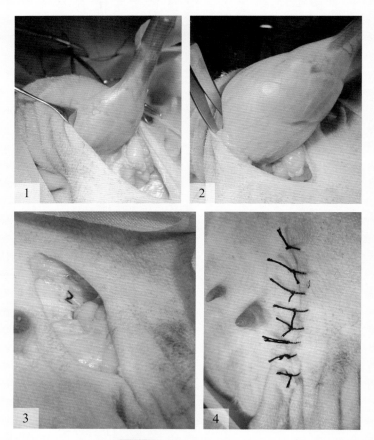

图4-13 摘除睾丸的方法

1、2—向远心端分离睾丸并摘除；3、4—间断缝合皮肤与皮下组织

第五章　胃肠疾病手术

第一节　腹腔手术通路

腹部手术通路通常包括䏦部切口、肋弓下斜切口、腹中线切口和腹中线旁切口。

一、䏦部切口

马属动物常用左䏦部切口，反刍动物左右䏦部切口都常用。䏦部切口包括䏦部前切口、中切口、后切口等（图5-1）。

【适应证】左䏦部切口，常用于马属动物小肠手术、盲肠手术、小结肠与骨盆曲的手术等，反刍动物瘤胃手术、左侧腹腔探查术。右䏦部切口，常用于反刍动物小肠及结肠肠祥闭结手术治疗及右侧腹腔探查术。

【切口定位】以大动物为例。

①䏦部中切口。在髋结节与最后肋骨连线的中点，距腰椎横突下方6～8cm处垂直向下做15～25cm的腹壁切口，根据手术要求适当改变其切口的长度。

②䏦部前切口。在腰椎横突下方8～10cm，距最后肋骨5cm左右，做一与最后肋骨平行的切口，切口长约15～25cm，必要时，也可切除最后肋骨作为䏦部前切口。

③䏦部后切口。髋结节与最后肋骨连线上，在第4或第5腰椎横突下方6～8cm处，垂直向下切开15～25cm。

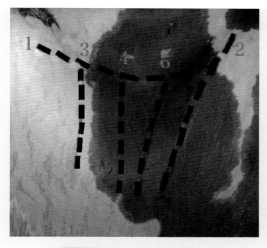

图5-1　牛的䏦部切口定位

1—髋结节；2—最后肋骨；3—䏦部后切口；4—䏦部中切口；5—䏦部前切口

【手术方法】切开皮肤并分离皮下组织，切开腹外斜肌，钝性分离腹内斜肌、腹横肌，显露腹膜，在切开腹膜前彻底止血。然后，用镊子提起腹膜，以确保镊子没有夹持除腹膜外其他脏器，这时用两把止血钳距其旁2cm处同时夹住腹膜向外提起，在腹膜上切一小口，用剪刀扩大切口至能插入两指，用两手指或镊子伸入切口内，在其保护下切开腹膜。切口两侧创缘用生理盐水纱布垫隔离，用拉钩牵开创口，显露腹腔。待处理好腹腔病变后，用可吸收缝线连续缝合腹膜和腹横肌，分别间断或连续缝合腹内斜肌与腹外斜肌；用丝线间断缝合皮肤（视频5-1、视频5-2）。

视频5-1
牛肷部切开术

视频5-2
牛肷部切口闭合术

二、肋弓下斜切口

【适应证】马属动物肋弓下斜切口在左侧用于左侧大结肠手术，在右侧用于胃状膨大部、盲肠手术；反刍动物右侧肋弓下斜切口，用于牛真胃切开术。

【切口定位】

马胃状膨大部切开术，自右侧第14或第15肋骨终末端引一延长线，距肋弓6～8cm处为切口中点，切口与肋弓平行，切口长度为25～30cm。

马盲肠手术，基本上与胃状膨大部切口相同，但距肋弓8～10cm处为切口中点。

牛真胃切开术，距右侧最后肋骨末端25～30cm处为平行肋骨弓斜切口的中点，在此中点上做20～25cm长平行肋弓的切口（图5-2）。

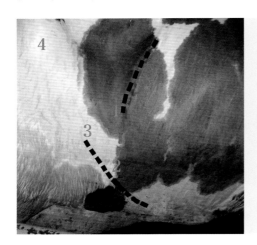

图5-2　牛肋弓下斜切口

1—最后肋骨末端；2—肋骨末端下方25cm处；3—肋弓下斜切口；4—髋结节；5—乳静脉

【手术方法】切开皮肤时避开腹壁皮下静脉（乳静脉），切开皮下组织和腹黄筋膜，分离显露腹直肌，尽量不做腹直肌横断。若需要切开腹直肌，则切开腹直肌外鞘，血管结扎后切断腹直肌，并尽量减少对肋间神经深支的损伤。然后，切开腹横肌腱膜与腹膜，显露腹腔。关闭腹腔时，用可吸收缝线将腹膜与腹横肌腱膜做连续缝合。若术中切断腹直肌，对其做间断或纽扣缝合。用丝线间断缝合腹黄筋膜和皮肤切口。

三、腹中线切口

【适应证】腹中线切口最常用于小动物腹部手术，也适用于马属动物广泛性大结肠闭结时肠侧壁切开术、胸膈曲扭转整复术和小肠全扭转整复术、直肠破裂修补术等。

【切口定位】根据手术目的，可在脐前或脐后部的腹中线上做切口（图5-3），切口长度视需要而定，必要时可越过脐部延长切口。

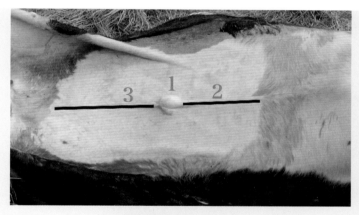

图5-3　腹中线切口

1—脐孔；2—脐前腹中线；3—脐后腹中线

【手术方法】切开皮肤，显露腹白线。用有齿镊夹持腹白线并上提，右手持手术刀在腹白线处切一小口，然后用手术剪剪尖一边向腹外撬起，一边剪开腹白线。也可在手指或镊子的导引下切开腹白线。闭合腹中线切口时，腹膜和腹白线做连续缝合，腹直肌外鞘用丝线做间断或纽扣缝合，连续缝合皮下组织，间断缝合皮肤切口。

四、腹中线旁切口

【适应证】同腹中线切口。雄性动物因阴茎位于腹中部，不便于做腹中线切开。腹中线切口术中出血少，操作简便，但术后刀口愈合缓慢。腹中线旁切口术中出血较多，手术操作较复杂，但刀口易愈合，较少形成切口疝。

【切口定位】腹中线旁切口有三种定位法：①经腹直肌内侧缘0.5～1cm的腹中线旁切口，切口位于腹直肌内侧。②经腹直肌外侧缘0.5～1cm处的腹中线旁切口，切口位于腹直肌外侧。③经腹直肌的腹中线旁切口，切口纵向通过腹直肌中部（图5-4）。

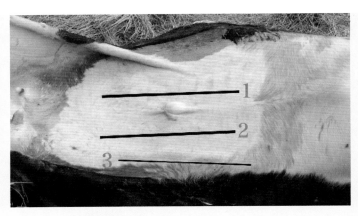

图5-4　腹中线旁切口（经腹直肌）

1—右侧中线旁；2—左侧中线旁；3—左侧乳静脉

视频5-3

牛腹中线旁切开与闭合术

【手术方法】切开皮肤，显露皮下脂肪或疏松结缔组织，用手术剪分离脂肪后显露腹黄筋膜；切开腹黄筋膜与腹直肌外鞘，显露腹直肌。然后，钝性分离腹直肌并切开内鞘，用拉钩牵引创缘显露腹膜外脂肪，分离脂肪，显露、切开腹膜，打开腹腔。闭合刀口时，用可吸收缝线对腹直肌内鞘和腹膜进行连续缝合；用丝线间断或纽扣缝合腹直肌外鞘与腹黄筋膜，间断缝合皮肤切口（视频5-3）。

第二节　小肠切开术

【适应证】适用于小肠闭结或小肠内异物的清除。牛十二指肠闭结常发生在髂弯曲和乙状弯曲部，第三弯曲发生较少；空肠闭结偶有发生。

【术前准备】当牛瘤胃臌气或瘤胃积液时，可通过胃管对瘤胃放气、放液减压；小肠闭结常造成水、电解质平衡紊乱和酸碱代谢失调，术前、术后应进行治疗。

【麻醉与保定】局部麻醉配合镇静、止痛药。马、牛多站立保定，必要时也可采取侧卧保定。

【切口定位】牛十二指肠乙状弯曲的手术通路采用右䐁部前切口，十二指肠髂弯曲和空肠采用右䐁部中切口，回肠采用右䐁部后切口（图5-5、图5-6）。

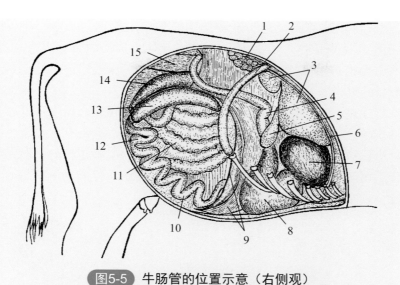

图5-5 牛肠管的位置示意（右侧观）

1—右肾；2—最后肋骨；3—肝；4—十二指肠；5—胆囊；6—膈；7—瓣胃；8—真胃；9—大网膜深层与浅层；10—空肠；11—结肠祥；12—回肠；13—盲肠；14—瘤胃右侧；15—直肠

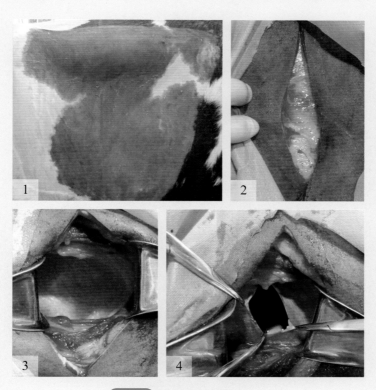

图5-6 右胘部腹壁切开术

1—术部准备与切口定位，胘部中切口；2—锐性切开皮肤与皮下组织；3—钝性分离腹外斜肌、腹内斜肌和腹横肌，显露腹膜；4—剪开腹膜，显露腹腔

【手术方法】将闭结部肠段牵引至腹壁切口外，用生理盐水纱布垫保护隔离，两把肠钳夹闭闭结点两侧肠腔。用手术刀在闭结点对肠系膜侧做一纵行切口（图5-7），自切口的两侧适当推挤阻塞物，使阻塞物由切口自动滑入器皿内。用酒精棉球消毒切口缘，做肠切口的缝合（视频5-4）。

用可吸收缝线进行全层连续内翻缝合，第一层缝合完毕，经生理盐水冲洗后，转入连续伦勃特氏缝合或库兴氏缝合（图5-8）。除去肠钳，检查有无渗漏后，用生理盐水冲洗肠管，涂以抗菌药油膏，将肠管还纳回腹腔内。小型动物的小肠细小，肠壁切口经双层缝合后可造成肠腔狭窄，易继发肠梗阻。因此，可采用压挤缝合或做一层间断全层内翻缝合。常规闭合腹壁切口。

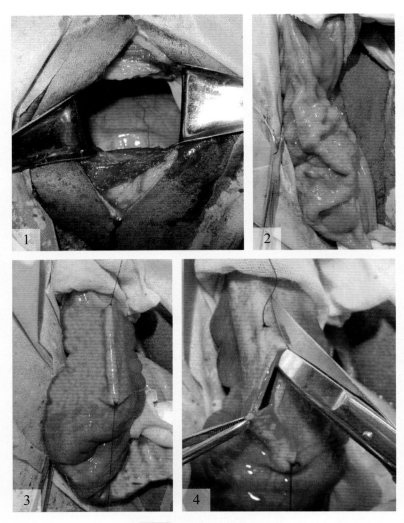

图5-7 小肠侧壁切开术

1—显露十二指肠；2—取出病变肠段；3—在预切开线两端做牵引线；4—用手术刀在肠壁上刺一小口，用剪刀扩大切口

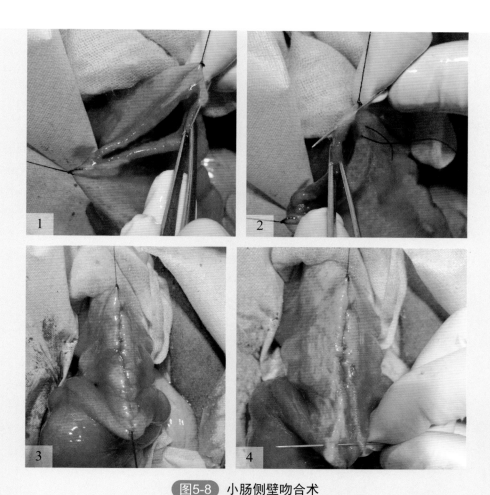

图5-8　小肠侧壁吻合术

1~3—康奈尔氏缝合法闭合肠壁切口；4—连续伦勃特氏缝合法做第二层缝合

　　术后禁食36～48小时，不限制饮水。当病畜出现排便行为、肠蠕动音恢复正常后，方可给予易消化的优质饲草、饲料。若术后48小时仍不排便，病畜出现肠臌胀、肠音弱者，应考虑是否因不正确的肠管缝合或病部肠管的炎性肿胀，造成肠腔狭窄，闭结再度发生。可先给病畜灌服油类泻剂，经治疗后仍无效时，则应进行剖腹探查。肠麻痹表现为肠蠕动音减弱、粪便向后运行缓慢、肠臌胀等症状，但在术后36小时后肠麻痹症状逐渐减轻，肠臌胀消退，肠蠕动音恢复，不久即可排便。为了促进肠蠕动，术后可温水灌肠，给予兴奋胃肠蠕动的药物，如维生素B_1、钙剂、高渗盐水或新斯的明等。

视频5-4

牛小肠侧壁切开术

第三节　大肠切开术

【适应证】适用于马属动物小结肠、骨盆曲、左侧大结肠、胃状膨大部及盲肠的粪性闭结，经隔肠注水或隔肠按压无效者，或大肠内结石的手术；牛结肠袢粪性闭结的手术。

【术前准备】马属动物大肠粪性闭结或结石常常继发肠臌胀和胃扩张；反刍动物结肠闭结常常继发瘤胃臌气或积液。因腹内压增大给手术探查病部带来极大的不便。为此，术前应反复导胃、针刺放气以降低腹内压；采取强心、补液、解毒等措施，以纠正水、电解质代谢紊乱和酸碱平衡失调，改善血液循环和全身状况，为手术创造条件。

【麻醉与保定】可采用全身浅麻醉配合局部麻醉。马小结肠、骨盆曲切开术可采用站立保定或右侧卧保定；左侧大结肠切开术采用右侧卧保定；胃状膨大部、盲肠切开术采用左侧卧保定。牛结肠袢切开术采用站立保定或左侧卧保定。

【切口定位】左肷部中切口适用于马的小结肠、骨盆曲切开术（视频5-5）；右肷部中切口适用于牛的结肠袢切开术；右侧肋弓下斜切口适用于马胃状膨大部切开术；脐后腹中线或腹中线旁切口适用于马盲肠、左侧结肠切开术。

【手术方法】以马小结肠和牛结肠切开术为例。

①马小结肠侧壁切开术。将病部肠管引至腹腔外，用温生理盐水纱布垫保护隔离，用两把肠钳闭合结粪两侧的肠腔，用手术刀在闭结部肠管纵带上切开肠壁全层，自结粪两侧适当压挤，使闭结粪块自切口滑入器皿内，用酒精消毒切口创缘。然后，用可吸收缝线连续全层内翻缝合肠壁切口，用生理盐水清洗创口及其肠壁，转入无菌手术；肠壁切口第二层做伦勃特氏或库兴氏缝合。

除去肠钳，检查有无渗漏现象。用生理盐水冲洗肠管并还纳回腹腔内。常规缝合腹壁切口。

②牛结肠切开术。腹壁切开后，术者左手进入网膜上隐窝内，手背沿瘤胃的右侧面，手心向着结肠袢进行触摸。自旋袢的外周依次摸向其中央部，即可发现闭结点。闭结点常呈鸭蛋大到拳头大，经隔肠按压不能破结时，可将结肠袢病变部肠管经网膜上隐窝牵引出腹壁切口外。若牵引困难，可切开大网膜后将结肠袢闭结点牵引至腹壁切口外。用纱布隔离肠管与腹壁切口，纵向切开肠壁（图5-9），自结粪两侧适当压挤，使闭结粪块自切口滑入器皿内，用酒精消毒切口创缘。然后，用可吸收缝线连续全层内翻缝合肠壁切口，用生理盐水清洗创口及其肠壁，转入无菌手术；肠壁切口第二层做伦勃特氏或库兴氏缝合（图5-10）。

除去隔离纱布，检查有无渗漏现象。用生理盐水冲洗肠管并还纳回腹腔内。若切开了大网膜，分别缝合深层与浅层大网膜。常规缝合腹壁切口。

视频5-5

马骨盆曲切开术

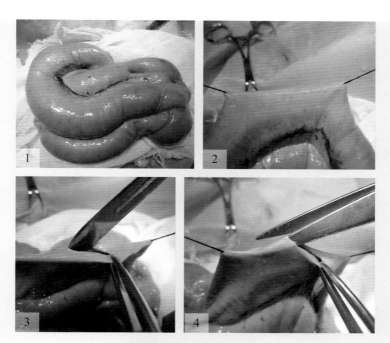

图5-9 结肠侧壁切开术

1—显露病变结肠；2—在切口两端缝置牵引线；3—用手术刀刺一小孔；4—用剪刀扩大切口

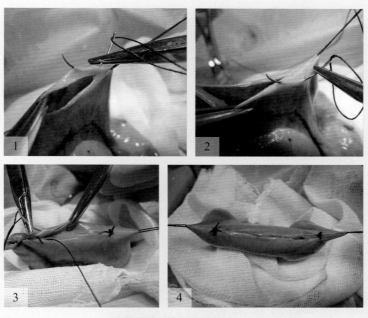

图5-10 结肠侧壁吻合术

1、2—康奈尔氏缝合法做第一层缝合；3、4—第二层做库兴氏缝合

第四节　肠截除术

【适应证】本手术适用于因各种类型肠变位引起的肠坏死、广泛性肠粘连、不宜修复的广泛性肠损伤或肠瘘，以及肠肿瘤的根治。

【术前准备】由肠变位引起肠坏死的动物，大多伴有严重的水、电解质代谢紊乱和酸碱平衡失调，并常发生中毒性休克，在术前、术后应进行纠正。静脉内注射胶体液（如全血、血浆）和晶体液（如林格尔氏液）、地塞米松、抗菌药等。全身应用抗菌药。用胃导管进行导胃以减轻胃肠内压力，进行紧急手术。

【麻醉与保定】全身麻醉或腰旁神经传导麻醉。大动物站立保定，必要时采取侧卧保定。

【切口定位】大动物采用左肷部（马）、右肷部（牛）中切口。

【手术方法】打开腹腔后，进行腹腔探查，小心地将病变肠管牵引至切口外。用生理盐水纱布垫保护肠管，隔离术部。

①肠套叠的处理。用手指在套叠的顶端将套入部缓慢逆行推挤复位（自远心端向近心端推），也可用手牵引套叠部近心端和远心端使之复位（图5-11）。若经过较长时间不能推挤复位，可用小手指插入套叠鞘内扩张紧缩环，一边扩张一边牵拉套入部，使之复位（图5-12）。对不易复位的，可以剪开套叠的鞘部和套入部的外层肠壁浆膜、肌层，必要时可以切透至肠腔，然后再进行复位。肠壁切口按照肠侧壁切开处理。

②肠管生命力的判断。肠管已经坏死的特征是肠管呈暗紫色、黑红色或灰白色；肠壁菲薄、变软无弹性，肠管浆膜失去光泽；肠系膜血管搏动消失；肠管失去蠕动能力等。若判定可疑，可用生理盐水温敷5～6分钟，若肠管颜色和蠕动仍无改变，肠系膜血管仍无搏动者，可判定肠壁已经发生了坏死。

③截除病变肠管。肠切除线应在病变部位两端5～10cm的健康肠管上，近端肠管切除范围应大于远端肠管。展开肠系膜，在肠管切除范围内对相应肠系膜做"V"形或扇形切除线，在切除线两侧将肠系膜血管进行双重结扎，然后在结扎线之间切断血管与肠系膜（图5-13）。

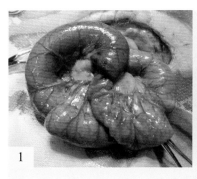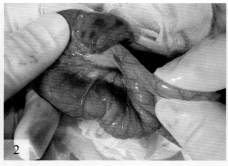

图5-11　肠套叠整复方法一

1—小肠套叠；2、3—用手自套叠部顶端将套入部自远端向近端推挤的同时牵引近心端复位

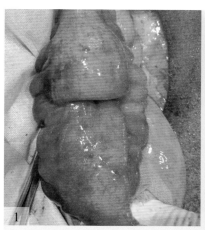
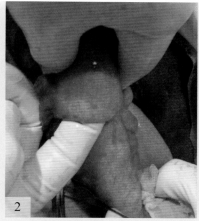
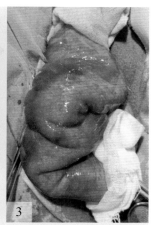

图5-12　肠套叠整复方法二

1—直接牵引复位；2—用小手指或其他分离工具插入套叠鞘内扩张，分离套入环；3—复位肠管充血、肿胀

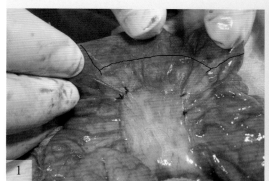

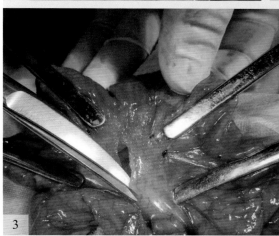
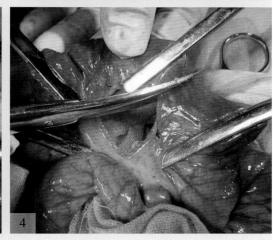

图5-13　肠管部分切除术

1—在预切除肠管切开线两侧用无损伤肠钳钳夹；2—结扎肠系膜侧三角区内血管，双重结扎肠系膜血管；3—在结扎线之间切开肠系膜；4—距健侧肠钳5cm处切断肠管

④截断肠管的吻合。肠断端吻合方法有端端吻合、侧侧吻合与端侧吻合三种方法。端端吻合符合解剖学与生理学要求，但在肠管较细的动物，吻合后易出现肠腔狭窄，应特别注意。

端端吻合的方法是：助手扶持并合拢两肠钳，使两肠断端对齐靠近。首先在两断端肠系膜侧距肠断缘0.5～1.0cm处，用可吸收缝线将两肠壁浆膜肌层或全层做一牵引线（图5-14）。在对肠系膜侧用同样方法另做牵引线，以固定两肠断端便于缝合。然后，自两肠断端的后壁在肠腔内由对肠系膜侧向肠系膜侧做间断全层缝合（图5-15），再用间断全层内翻缝合法缝合前壁，线结打在肠腔内（图5-16）。

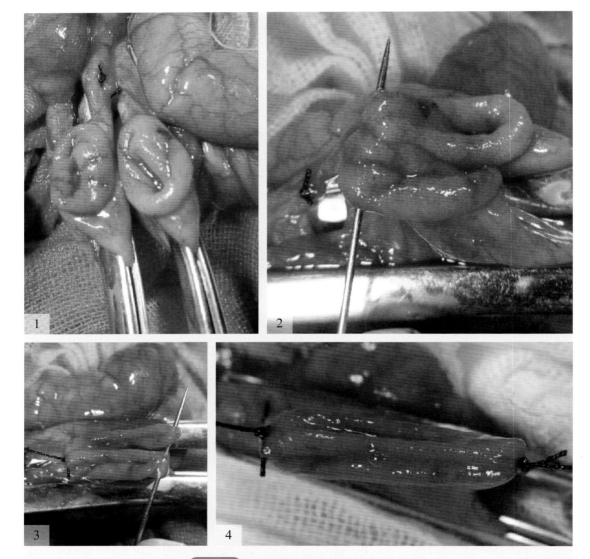

图5-14　小肠端端吻合术缝置牵引线

1—固定、靠近两断端；2~4—在肠腔内的肠系膜侧与对肠系膜侧做牵引线（全层）

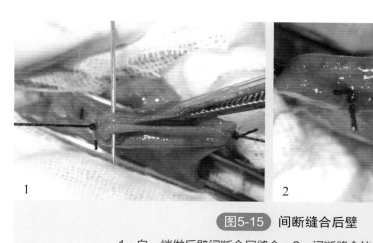

图5-15 间断缝合后壁

1—自一端做后壁间断全层缝合；2—间断缝合的线结留在肠腔内

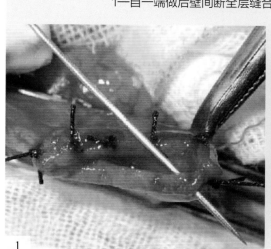
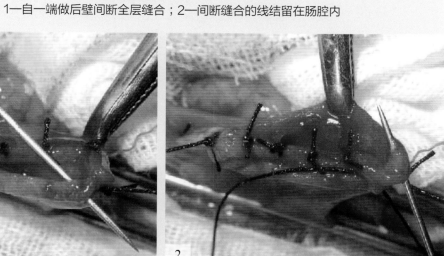

图5-16 间断缝合前壁

1—针自肠腔穿出；2—针自浆膜肌层穿入肠腔；3、4—在肠腔内打结，线结留在肠腔内

　　完成第一层缝合后，用生理盐水冲洗肠管，手术人员更换手套，更换手术巾与器械，转入无菌手术。第二层采用间断伦勃特氏缝合法缝合前后壁（图5-17）。肠系膜

侧和对肠系膜侧的两转折处，可做1~2针补充缝合。撤除肠钳，检查吻合口是否符合要求。间断缝合肠系膜切口。

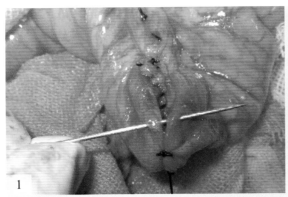 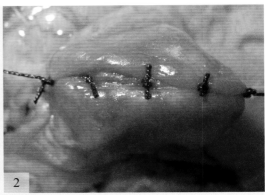

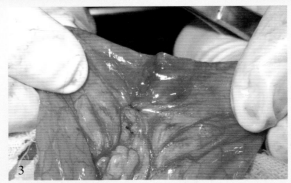

图5-17　小肠端端吻合术的第二层缝合法

1、2—间断伦勃特氏缝合法内翻缝合前壁；3—缝合肠系膜切口

马小肠切除吻合术

小型动物肠腔细小，对细小肠管的端端吻合术，常常采用一层间断内翻缝合，边距和针距为2~3mm。最后用大网膜瓣将肠吻合处包裹并将网膜用缝线固定于肠管上，对肠吻合处起到保护作用。常规闭合腹壁切口。

马小肠切除吻合术见视频5-6。

第五节　直肠脱垂术

直肠和肛门脱垂是指直肠末端的黏膜层脱出肛门（脱肛）或直肠一部分，甚至大部分向外翻转脱出至肛门外（图5-18）。直肠脱垂包括完全性脱出与不完全性脱出两种类型，前者是直肠的各层及其周围组织的脱出，后者仅是直肠黏膜的脱出。该病多见于猪，马、牛和其它动物也可发生，均以幼龄和老龄动物易发。

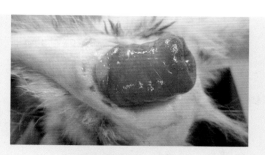

图5-18 直肠脱垂

【麻醉与保定】大家畜第1、第2尾间隙硬膜外传导麻醉，站立保定；烈性家畜全身麻醉，后躯垫高，俯卧保定，两后肢伸出手术台，尾巴向动物的后背固定。

【手术方法】发病初期或黏膜性脱垂的病例，先用0.2%温高锰酸钾溶液或1%明矾溶液清洗患部，除去污物或坏死黏膜，然后用手指将脱出的肠管还纳复位。整复时从肛门口开始，谨慎地将脱出的肠管向肛门内推送、翻入。在送入肠管时，待完全送入肛门后，术者应将手臂（猪、羊用手指或橡胶管）随之伸入肛门内，使直肠完全复位。

若直肠水肿严重，不易整复或黏膜干裂、坏死的病例，先用温水洗净患部，以温防风汤（防风、荆芥、薄荷、苦参、黄柏各12.0，花椒3.0，加水适量煎两沸，去渣，候温待用，该方单位可根据制作的量自行确定，如克、千克等）冲洗患部。然后，用剪刀剪除或用手指剥除干裂坏死的黏膜，再用消毒纱布兜住肠管，撒上适量明矾粉末，排出水肿液，用温生理盐水冲洗后涂布1%碘石蜡油润滑。没有明矾粉末时，可用人工盐代替，但不能用食盐。

还纳后为了防止再次脱出，整复后应加以固定。方法是在肛门周围距肛门孔1～3cm处，做一穿至皮下的荷包缝合（图5-19），收紧缝线并保留适当大小的排便口（牛2～3指），打成活结，以便根据排便的具体情况调整荷包缝合的松紧度（尽量做到一次性固定，以防术部感染），经7～10天病畜不再努责时，将缝线拆除（视频5-7）。

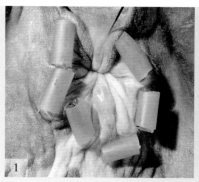

图5-19 肛门荷包缝合法

1—缝针沿肛门周围做皮下缝合，在体外，皮肤与缝线之间放置胶垫，以保护皮肤；2—线结打在肛门的背侧

视频5-7

猪直肠肛门脱垂整复术

对频繁脱出的病例，在整复、固定的基础上利用药物刺激使直肠周围结缔组织增生，借以固定直肠，防止再次脱出。可在距肛门孔2～3cm处，肛门上方和左、右两侧直肠旁组织内分点注射70%酒精3～5mL（猪和犬）和2%盐酸普鲁卡因溶液3～5mL；注射的针头平行于直肠侧壁向前方刺入。为了使进针方向与直肠平行，避免针头远离直肠或刺破直肠，在进针时应将食指或手插入直肠内引导进针方向，边进针边用食指触知针尖位置并随时纠正其方向。

经过肛门周围荷包缝合、注射刺激性药物后仍然脱出者，可以施行直肠腹壁固定术。经腹中线切口打开腹腔，向前牵引直肠，对直肠对肠系膜侧浆膜肌层、左侧腹壁腹膜和肌肉做间断缝合（图5-20）。

术后2~3周内饲喂麸皮、米粥和青草等柔软饲料，充分饮水，少卧地。每天处理伤口，根据病情给予镇痛、消炎等对症疗法。3~5天拆除肛门荷包缝合线。

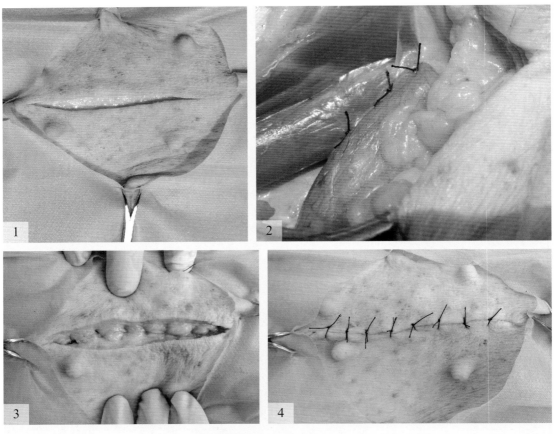

图5-20 猪直肠腹壁固定术

1—倒数1~2乳头之间的腹中线上切开腹壁；2—显露直肠，直肠壁浆膜肌层、腹壁的腹膜与肌层做
3~4针纽扣缝合；3—连续或间断缝合腹膜与腹白线；4—皮肤做间断缝合

第六节　锁肛术

锁肛是肛门被皮肤所封闭而无肛门孔的先天性畸形（图5-21）。家畜中以仔猪最常见，羔羊、驹及犊牛偶可见到。

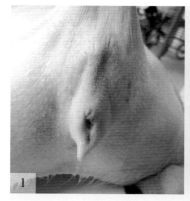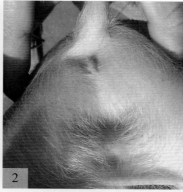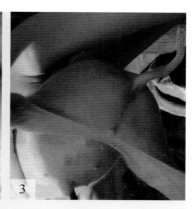

图5-21　仔猪锁肛

1—母猪锁肛；2—公猪锁肛；3—母猪无肛门、无阴门

【麻醉与保定】局部浸润麻醉。倒立或俯卧保定，前低后高。

【手术方法】在肛门窝或相当于正常肛门的部位，按正常仔畜肛门孔的大小做一圆形皮肤切口，仔细分离、显露直肠盲端，一边分离，一边向外牵引盲端，使直肠盲端超出肛门口2～3cm（图5-22）。然后，在盲端切开直肠，肠壁肌层与周围的肌肉或皮下组织（图5-23）、黏膜层与皮肤创缘做间断缝合（图5-24）；在切口周围涂以抗菌药软膏。

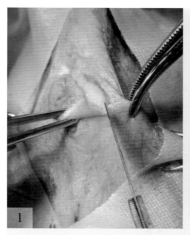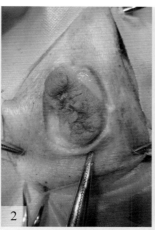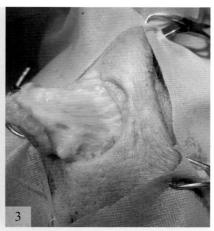

图5-22　在肛门位置分离显露肛门盲端与直肠壁

1、2—在正常肛门口位置做圆形皮肤切口；3—分离直肠盲端并拉至切口外

119

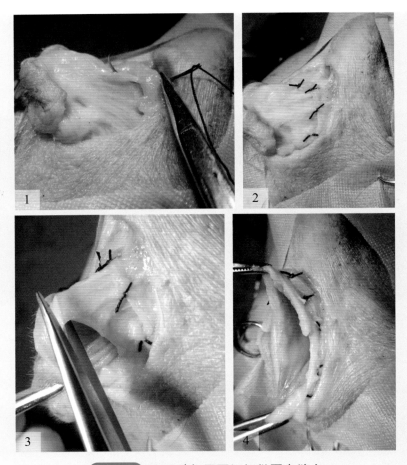

图5-23 直肠壁与周围组织做固定缝合

1、2—直肠壁肌层与皮下组织间断缝合；3、4—在盲端剪开直肠壁

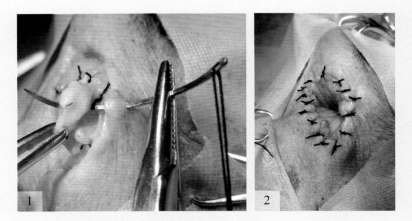

图5-24 直肠壁黏膜层与皮肤做固定缝合

1—直肠壁黏膜或全层与皮肤间断缝合；2—人造肛门口

若直肠盲端未到达会阴部皮肤下，可仔细向骨盆腔方向分离皮下组织达直肠盲端；在直肠盲端上缝一根牵引线，一边向外牵引一边充分剥离直肠壁。对体型小的动物，可以先做结肠造瘘术，0.5~1年后再进行锁肛造孔术。肛门造口后，在伤口愈合前每次排便后用防腐液清洗会阴部，擦干后伤口处涂抗菌药软膏。保持排便通畅，防止排干便或发生便秘。

第七节　瘤胃切开术

【适应证】保守疗法治疗无效的瘤胃积食、创伤性网胃炎或创伤性心包炎；胸部食管梗塞且梗塞物接近贲门；瓣胃梗塞、真胃积食。误食有毒饲料、饲草，且毒物尚在瘤胃中滞留；网瓣胃孔角质爪状乳头异常生长；瘤胃、网胃内有异物如塑料布、塑料管、石块、铁钉或铁丝等。

【麻醉与保定】局部浸润麻醉或腰旁神经传导麻醉。站立保定，不能站立者可右侧卧保定。

【切口定位】左肷部中切口，适用于瘤胃积食、一般体型牛的网胃内探查冲洗和腹腔探查术（图5-25）。左肷部前切口，适用于体型较大病牛的网胃内探查与瓣胃梗塞、真胃积食的胃冲洗术。左肷部后切口，适用于瘤胃积食或腹腔探查术。

【手术方法】左肷部按常规切开腹壁，先进行腹腔探查，然后做瘤胃切开术。瘤胃固定与隔离法介绍下列两种。

①瘤胃浆膜肌层与皮肤切口创缘的连续缝合固定法，适用于胃冲洗术。

显露瘤胃后用三角针带10号丝线做瘤胃浆膜肌层与皮肤切口创缘的连续缝合，针距为1.5～2cm，使瘤胃壁与皮肤创缘紧密贴附，被固定到腹壁切口外的瘤胃壁宽8～10cm（图5-26）。缝合后检查切口下角是否严密，必要时做补充缝合（视频5-8）。

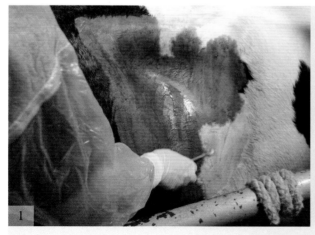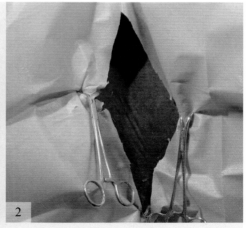

图5-25

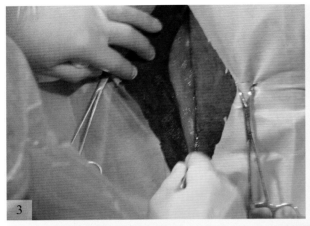
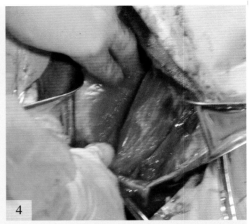
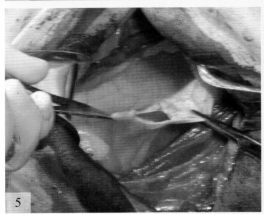
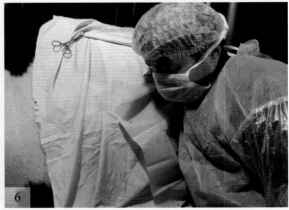

图5-25　左肷部腹壁切开与腹腔探查

1—术部剃毛与消毒；2—术部隔离；3—锐性切开皮肤与皮下组织；4—钝性分离腹内斜肌、腹外斜肌与腹横肌；5—剪开腹膜；6—腹腔探查

　　在瘤胃预切开线两侧各做三个瘤胃壁全层水平纽扣预置缝合，用生理盐水纱布垫隔离胃壁。然后，在胃切开线上先用刀切一小口，慢慢放出瘤胃内气体，改用手术剪扩大瘤胃切口，切口长为15～20cm。在瘤胃切开后，将切口创缘两侧的预置缝线向两侧牵引并用止血钳固定到创巾上，使瘤胃壁黏膜外翻。

　　自瘤胃切口放置隔水洞巾（由橡胶布、油布、塑料布等材料制成），洞巾中央洞孔为一弹性环，直径为15cm。应用时将洞巾弹性环压扁，放入瘤胃腔后自动展开。将洞巾四角拉紧展平，并用巾钳固定在隔离创巾上。然后，掏取瘤胃内容物和进行胃腔探查与病变处理。

　　②瘤胃六针固定法，适用于瘤胃积食以及瘤胃、网胃的异物取出等简单的病变处理，或瘤胃内容物较少、瘤胃壁易于向切口外牵引的病例。

视频5-8

牛瘤胃连续缝合一周固定法

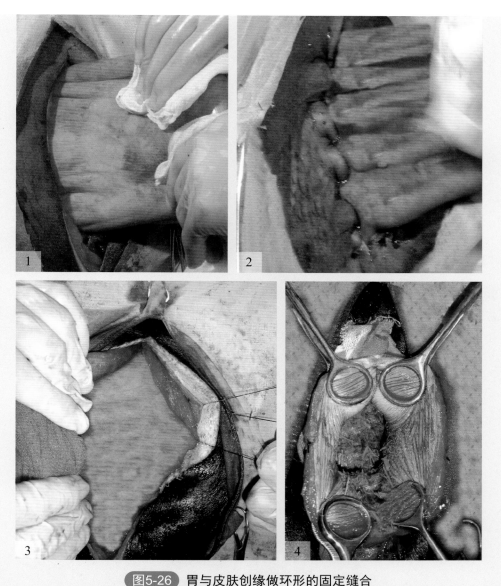

图5-26　胃与皮肤创缘做环形的固定缝合

1—向外牵引瘤胃壁；2、3—瘤胃壁与皮肤创缘环状缝合；4—舌钳固定外翻瘤胃壁

　　显露瘤胃后，在切口上下角与周缘，用三角缝针带10号丝线通过瘤胃的浆膜肌层与邻近皮肤创缘做六针纽扣状或简单的间断缝合（图5-27）。在瘤胃与腹壁之间填入浸有温生理盐水的纱布，纱布一端在腹腔内，另一端在腹壁切口外（视频5-9）。

视频5-9

牛瘤胃六针固定法

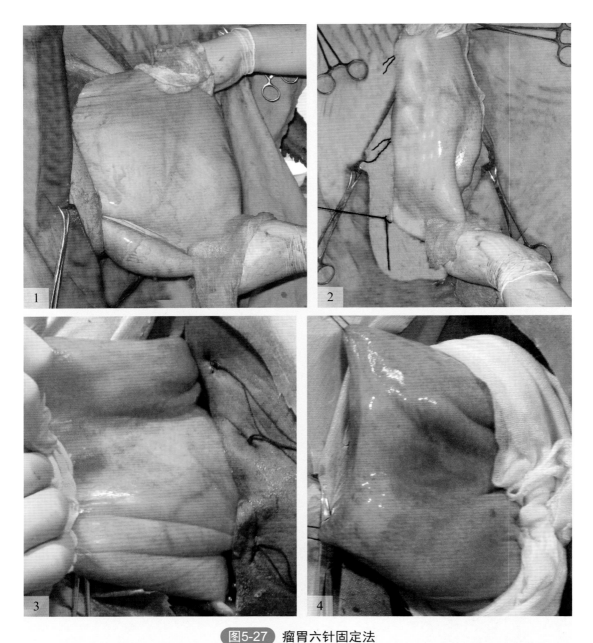

图5-27 瘤胃六针固定法

1—向外牵引瘤胃；2、3—胃壁与左右侧皮肤创缘各做3针固定缝合；4—瘤胃壁与腹壁切口之间用纱布隔离

在瘤胃切开线的上1/3处用刀刺透胃壁，迅速用两把舌钳夹住左右侧胃壁创缘，向上向外拉起，防止胃内容物外溢。然后用剪刀扩大瘤胃切口，并用舌钳固定提起胃壁创缘，将胃壁切口部拉出腹壁切口并向外翻；随即用巾钳将舌钳柄夹住，固定在皮

肤和创布上。一般每侧用2~3把舌钳夹持固定瘤胃壁。然后，套入橡胶洞巾，掏取瘤胃内容物和进行胃腔探查与病变处理（图5-28）。

图5-28 瘤胃切开与常见胃内异物

1—瘤胃切口两侧缝置牵引线；2~4—常见的瘤胃与网胃内异物

③瓣胃与真胃冲洗术。

瓣胃冲洗术，适用于瓣胃梗塞的治疗。先将瘤胃基本掏空，然后左手进入网瓣胃孔内，取出网瓣胃孔内和瓣胃沟内干涸内容物，左手持胃导管的一端带入网瓣胃孔内，导管另一端在体外连接漏斗向瓣胃内灌注大量温盐水，以泡软瓣胃沟及瓣胃叶间的内容物。一边灌水，一边用手指松动瓣胃内容物。在瓣胃叶间干涸的内容物未全部泡软冲散前，切忌疏通开瓣真胃孔，以免灌注的水大量涌入真胃并进入肠腔造成不良后果。瓣胃左上方叶间干涸的内容物难泡软冲散，手指的指端也难以触及到该部，可用手在瘤胃腔内隔瘤胃壁按压瓣胃的左上角，以促使其松散脱落。

真胃冲洗术，适用于真胃积食的治疗。真胃积食常继发瓣胃梗塞，因此应先冲洗瓣胃，当瓣胃沟和大部分瓣胃叶间干涸内容物松散脱落后，手持胶管端对准瓣真胃孔冲洗，待瓣真胃孔内干涸内容物被冲洗以后，手持胶管端进入真胃内继续冲洗。一边灌注温水，一边用手指松动真胃内干涸胃内容物。真胃后半部干硬物，在体型较大的牛，手难以直接触及，主要依靠温水浸泡冲洗与体外撬杠按摩的方法松动解除，也可在瘤胃腹囊处，隔瘤胃壁对真胃进行按摩。在基本解除瓣胃和真胃的干涸阻塞物后方可将真胃幽门部阻塞物冲开。

将瘤胃、网胃腔内过多的液体经胶管虹吸至体外，保留在瘤胃腔的下1/3处液体。向瘤胃腔内填入1.5～2kg青干草与健康牛瘤胃内容物，以促进瘤胃恢复收缩蠕动能力。撤除橡胶洞巾，用生理盐水冲净附着在瘤胃壁表面上的胃内容物和血凝块。拆除纽扣状缝合线或撤离舌钳，在瘤胃壁创口进行自下而上的全层连续缝合（图5-29），进针点或出针点在浆膜面距创缘1~1.5cm，在黏膜表面距创缘0.5~1.0cm，防止黏膜外翻（"V"形缝合）。

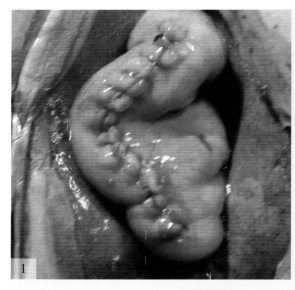
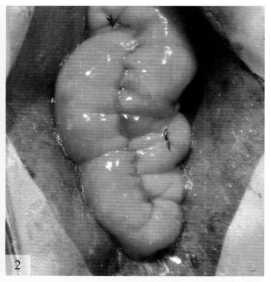

图5-29 瘤胃壁切口的缝合方法

1—用"V"形连续缝合法闭合瘤胃切口，冲洗后转入无菌手术；2—第二层做浆膜肌层内翻缝合

牛瘤胃切开术与缝合术见视频5-10。

用生理盐水再次冲洗胃壁浆膜上的血凝块，拆除瘤胃浆膜肌层与皮肤创缘的固定线。与此同时，隔灭菌纱布用手抓持瘤胃壁并向腹壁切口外牵引，以防瘤胃壁向腹腔内陷落；再次冲洗瘤胃壁浆膜上的血凝块及其他异物，手术人员重新洗手消毒，更换器械，转入无菌手术。最后，对瘤胃进行连续伦勃特氏或库兴氏缝合。冲洗后还纳至腹腔内。常规闭合腹壁切口。

术后禁食36～48小时以上，待瘤胃蠕动恢复，出现反刍后开始给予少量优质的饲草。术后不限饮水，对术后不能饮水者应根据动物脱水情况进行静脉补液；术后5～7天，使用抗菌药防止感染。

视频5-10
牛瘤胃切开术与缝合术

第八节　牛真胃左方变位整复术

【适应证】真胃左方变位是真胃通过瘤胃下方移到左侧腹腔，滞留于瘤胃和左侧腹壁之间（图5-30）。经保守治疗无效时，需进行手术复位与固定。

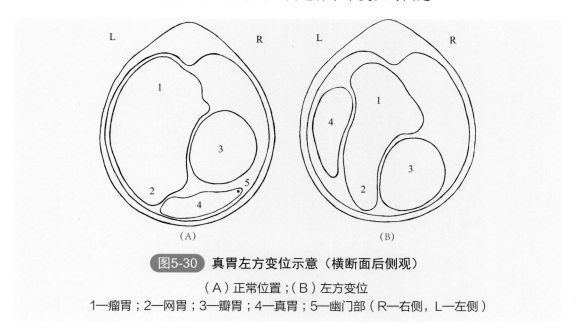

图5-30　真胃左方变位示意（横断面后侧观）

（A）正常位置；（B）左方变位
1—瘤胃；2—网胃；3—瓣胃；4—真胃；5—幽门部（R—右侧，L—左侧）

【麻醉与保定】六柱栏内站立保定，在牛体左侧进行腰旁神经、肋间神经传导麻醉或局部浸润麻醉。仰卧保定，做术部浸润麻醉。

【切口定位】站立保定时常采用左肷部前下切口，固定线穿出部位为右侧肋弓下真胃大弯体表投影处。仰卧保定时，脐前腹中线右侧腹直肌内侧缘或中部做切开。

牛腹底壁术部准备见视频5-11。

【手术方法】

①左肷部整复缝合固定法。在左侧腰椎横突下方20~25cm，距最后肋骨后缘5cm处向下做平行肋弓的左肷部前下切口，切口长度20~25cm。切开腹壁，显露腹腔。真胃位于切口的前下方，呈囊状，位于左侧腹壁和瘤胃之间。隔生理盐水纱布用手抓住真胃壁轻轻向切口外牵引，以显露真胃大弯及大网膜浅层。在真胃大弯上先做一荷包缝合，线尾不抽紧，在缝合圈中央切开真胃并向真胃腔内插入乳胶管，抽紧荷包缝合线，排出真胃内积液、积气。真胃减压后，抽出排液管，抽紧荷包缝合线。常规消毒后，用长1.5~2.0m的10号缝合丝线于真胃大弯网膜附着点上做三个浆膜肌层水平纽扣缝合，间距3~4cm；三个水平纽扣缝合线的线尾在体外分别放置。

按顺序手持真胃固定线线尾，经瘤胃下方伸至腹腔右侧腹底部真胃的正常位置处，用手指在腹腔内向外推顶，指示助手在右侧做皮肤小切口。助手用止血钳经皮肤小切口向腹腔内刺入，并用止血钳夹持线尾并将其缓缓牵引至体外。然后，以3~4cm的间距按顺序再做第二个、第三个皮肤小切口，按同样方法引出其它两根固定线线尾。

三根固定线均引出体外后，术者用手将真胃经瘤胃下方推送至腹腔右侧，与此同时，助手轻轻牵拉三根固定线，使真胃在推送和牵拉的配合下复位。术者检查是否有肠管或网膜缠绕在固定线上，在确保真胃复位、无内脏缠结的情况下，第一和第三根固定线分别与第二根固定线在切口内打结（图5-31）。缝合皮肤小切口。常规闭合左肷部腹壁切口。

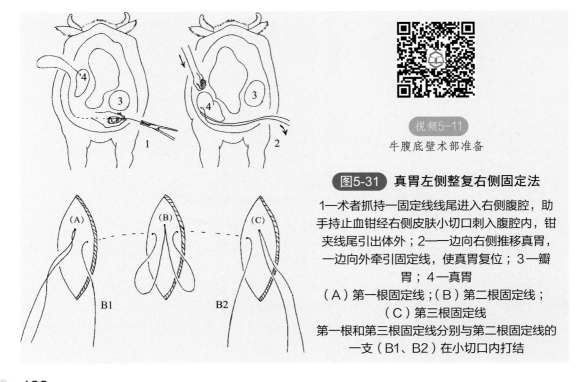

视频5-11
牛腹底壁术部准备

图5-31 真胃左侧整复右侧固定法

1—术者抓持一固定线线尾进入右侧腹腔，助手持止血钳经右侧皮肤小切口刺入腹腔内，钳夹线尾引出体外；2——边向右侧推移真胃，一边向外牵引固定线，使真胃复位；3—瓣胃；4—真胃
（A）第一根固定线；（B）第二根固定线；（C）第三根固定线
第一根和第三根固定线分别与第二根固定线的一支（B1、B2）在小切口内打结

②仰卧复位缝合固定法。先将病牛右侧卧保定，将两前肢与两后肢分别固定，再使病牛滚转呈仰卧姿势，以牛背为轴心向左向右呈60°摇晃3分钟，突然骤停，病牛仍呈仰卧姿势，躯干两侧填充好装有软草的麻袋，以保持其仰卧姿势。然后，在脐前腹中线右侧5cm处做一长20～25cm的腹底壁切口，显露腹腔（图5-32）。手伸入腹腔，沿左侧腹壁探查变位的真胃，用手臂的摆动和移动动作将其复位。确定真胃幽门部，用弯圆针带10号丝线自幽门窦至胃底部做三针浆膜肌层与腹膜、腹直肌的间断缝合，将真胃固定在腹壁切口的右侧（图5-33，视频5-12）。最后，常规关闭腹底壁切口（图5-34）。

术后保持术部干燥，使用抗菌药5～7天。限制饮食5~7天，出现反刍后饲喂少量易消化饲草，逐日增多，待牛吃草完全恢复正常后再添加精料，并逐日增多，直至恢复正常的饲喂。

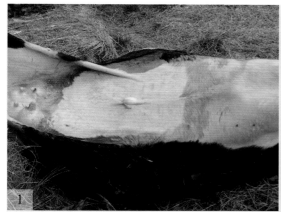

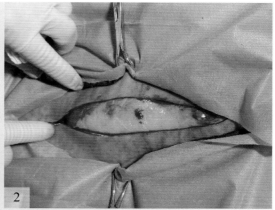

图5-32　右侧腹底壁切开法

1—仰卧保定；2—紧张切开皮肤与皮下组织；3—锐性切开腹黄筋膜、腹直肌外鞘，钝性分离腹直肌，切开腹直肌内鞘和腹膜

视频5-12

牛真胃固定术（腹中线旁手术通路）

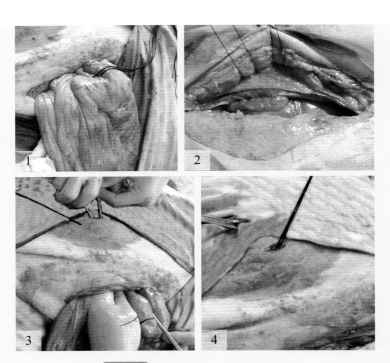

图5-33　真胃右侧腹底壁固定法

　1—在胃大弯网膜附着处缝置双股固定线；2—线尾由腹腔经腹膜、腹直肌内鞘、腹直肌、腹直肌外鞘和腹黄筋膜穿出并两两打结，将真胃固定在切口右侧的腹底壁上；3—在右侧腹底壁做两个皮肤小切口，止血钳自此小切口伸入腹腔，将两个固定线线尾分别引至体外；4——线尾自皮下穿至另一小切口，与另一线尾打结，将真胃固定在切口右侧的腹底壁上

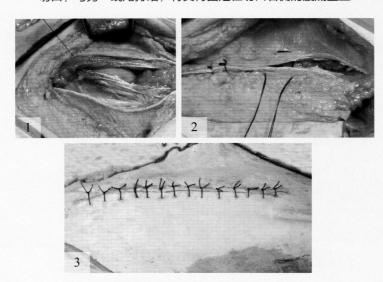

图5-34　右侧腹底壁切口缝合法

　1—连续缝合腹膜与腹直肌内鞘；2—间断或纽扣缝合腹直肌外鞘和腹黄筋膜；3—间断缝合皮肤

第九节　牛真胃切开术

【适应证】真胃积食、真胃内有肿瘤、严重的真胃溃疡、真胃内有毛球、真胃内有纤维球及真胃内积砂等。

【术前准备】当瘤胃内充满大量液状内容物时，术前对病牛进行导胃，以减轻侧卧保定时的腹内压力；对真胃积食和瓣胃梗塞进行手术时，术前应准备好对胃冲洗用的温水、漏斗、胃导管等物品。

【麻醉与保定】左侧卧保定。镇静、止痛配合局部麻醉。

【切口定位】右侧肋弓下斜切口（图5-35）。

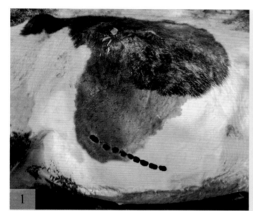
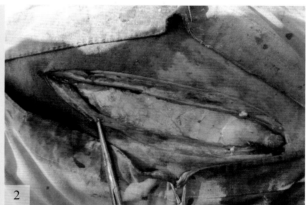
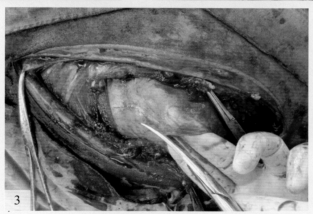

图5-35　右侧肋弓下斜切口

1—切口定位；2—切开皮肤与皮肌；3—锐性切开腹壁各层组织

【手术方法】切开腹壁，显露真胃。当真胃内容物较少时，术者手经腹壁切口伸入腹腔，将真胃向切口外推移以充分显露；当真胃内容物较多、胃充满时，真胃仅靠近腹壁切口而无法将其移出切口外，用温生理盐水纱布填塞于腹壁切口和真胃壁之间，然后将一橡胶洞巾连续缝合在胃壁预定切开线周围，在洞口内切开真胃壁（图5-36）。

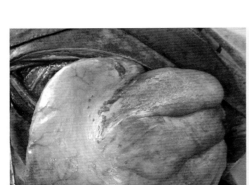
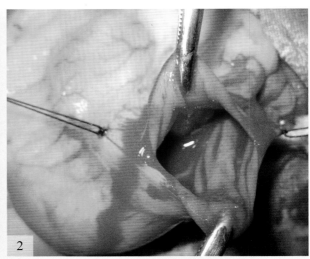

图5-36 真胃切开的方法

1—显露与隔离真胃；2—切口两端缝置牵引线，在胃大弯处切开真胃壁

对真胃积食病例，应先用手指将真胃内干涸内容物取出一部分，随后改用温生理盐水进行胃冲洗。术者手持导管端将导管带入真胃腔内，导管另一端连接漏斗向真胃内灌注温水，并用手指松动干硬胃内容物，胃内容物被温水泡软冲散后经切口返流至体外。

对瓣胃梗塞病例，可经真胃切开对瓣胃进行冲洗治疗。在进行瓣胃冲洗时，应注意冲洗瓣胃叶间干涸的胃内容物，不要将网瓣胃孔附近的瓣胃内容物清除，一旦网瓣胃孔附近的瓣胃内容物被清除，瞬间瘤网胃内大量液体经网瓣胃孔向体外倾泻，由于腹内压的急剧下降，可引起动物脑贫血和虚脱样症状，严重者可导致动物休克死亡。冲洗过程注意保护真胃黏膜。

对真胃溃疡病例，可切除溃疡灶。在切开真胃后，先排空真胃内容物，充分显露真胃内的溃疡区，对溃疡进行胃部分切除术。拆除胃壁上缝合的橡胶洞巾，切除胃壁切口创缘上被挫灭的组织，清洗胃壁上的血凝块及异物。用可吸收缝线连续全层内翻缝合胃壁切口（图5-37），撤去胃壁与腹壁切口之间填塞的纱布，将真胃向腹壁切口外轻轻牵引，用生理盐水反复冲洗胃壁切口后进行库兴氏缝合（图5-38）。冲洗后，胃壁涂以抗菌药软膏，将真胃还纳回腹腔内。常规关闭腹壁切口（图5-39）。

术后禁饲36小时或48小时以上，待动物出现反刍后可给予少量优质饲草饲料。术后一周内，每天给予抗菌药治疗。

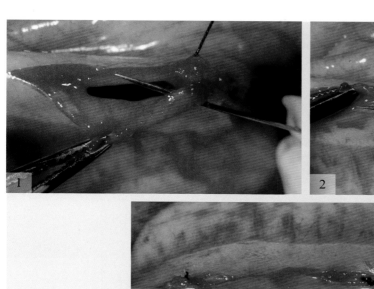
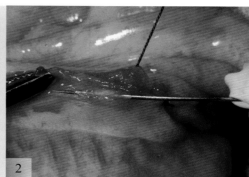
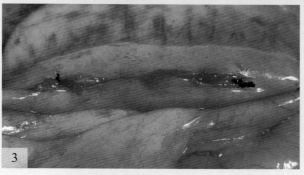

图5-37　真胃黏膜的缝合方法

1、2—连续水平褥式全层内翻缝合；3—黏膜层单独缝合完毕

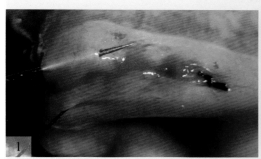
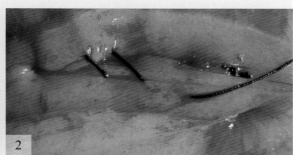
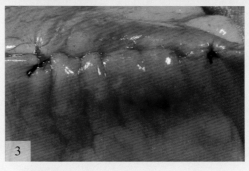

图5-38　真胃壁浆膜肌层的缝合方法

1、2—库兴氏缝合的运针方法；3—浆膜肌层做1~2层缝合

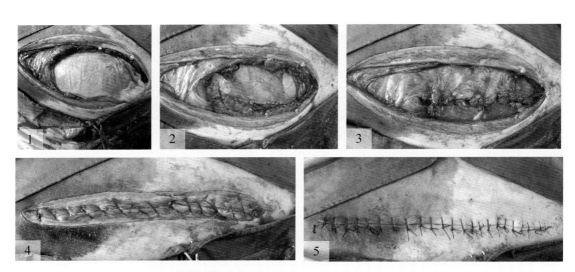

图5-39 右侧肋弓下斜切口的闭合方法

1—整复真胃，大网膜靠近腹壁切口；2—连续缝合腹膜；3—连续缝合肌层与腹黄筋膜；4—连续缝合皮肌与皮下组织；5—皮肤做简单缝合

第十节　人工培植牛黄手术

牛黄是牛胆囊中的胆结石，是名贵中药材，我国牛黄产量少而医用需求量大，历年供不应求。为了解决牛黄药源紧缺问题，我国广大科技工作者，根据天然牛黄形成的基本原理，成功地研究出在活牛胆囊内、在牛腹腔模拟动物胆囊内培植牛黄的方法。

牛的肝脏由右叶、左叶和尾状叶组成。胆囊附着于肝右叶的脏面，其底部位于右侧十～十一肋间隙下部，并贴近腹壁。胆汁由肝管排出经胆囊管进入胆囊，也有几根小肝胆管，自胆囊壁直接进入胆囊。然后，胆汁再经胆囊管进入输胆管。输胆管较短，开口于十二指肠"S"状弯曲的第二曲，距幽门约60cm。胆囊壁包括浆膜层、肌层和黏膜层；黏膜疏松，有许多分支的管状腺。

一、牛活体胆囊内培植牛黄手术

【术前准备】凡1.5岁以上的健康牛，不论性别、品种、用途均可进行培植牛黄手术（植黄手术）。植黄手术前24小时禁食，8~12小时禁水。牛黄床是用低密度高压聚乙烯塑料热压注塑而成（图5-40）。根据牛胆囊的大小制成不同形状和大小的牛黄床。使用前外包一层棉布，一端拴系固定线，用射线照射或甲醛熏蒸消毒后使用。非致病性耐胆汁大肠杆菌（血清型O8）肉汤培养液，含菌量在每毫升50亿个以上。

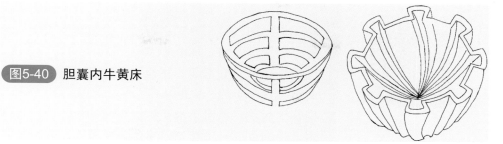

图5-40　胆囊内牛黄床

【麻醉与保定】全身麻醉配合局部浸润麻醉。站立保定。

【切口定位】右侧肩端与髋关节连线与倒数第三肋间交点处为切口中点，切口长8～10cm，切口的下角为肩端水平线（图5-41）。

图5-41　肋间切口定位

1—髋关节与肩端的连线；2—肩端水平线；
3—最后肋骨；4—倒数第二肋骨；5—倒数
第三肋骨；6—肋间切口；7—髋关节

【手术方法】在肋间隙中间切开皮肤、皮下组织和肋间肌（图5-42）。术中需要切开胸膜与膈肌，胸腔不大的牛，胸膜、膈肌紧贴在一起，不易发生气胸；但胸腔较大的牛，切口经肋膈窦时易发生气胸。出现气胸时，将肋间肌、胸膜和膈肌进行连续缝合，特别注意做好切口上角两侧的缝合，以封闭气胸。

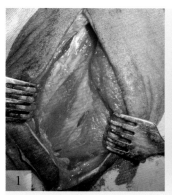

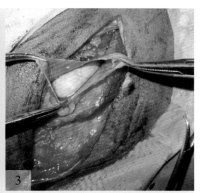

图5-42　肋间切开

1—切开肋间外肌；2—显露腹膜；3—切开腹膜，显露胆囊

切开腹膜，显露胆囊。对胆囊不自动涌出者，用手指经肋间切口伸入腹腔内探查胆囊，将胆囊自肋间切口引至切口外；用生理盐水纱布在胆囊颈部和肋间切口之间进行隔离。然后，在胆囊底部血管稀少区预定切开线两端用4号丝线做两根预置牵引线，由助手牵引固定胆囊。用手术刀一次全层切开胆囊壁，并用手术剪扩大胆囊切口，切口长度以能植入牛黄床为宜。经胆囊切口将牛黄床放入胆囊腔内，牛黄床的固定线留在胆囊切口外。胆囊壁切口两层缝合：第一层全层连续内翻缝合，牵拉牛黄床胆囊固定线，使牛黄床位于胆囊体部，固定线线尾在胆囊切口旁的胆囊壁浆膜肌层做固定缝合。自胆囊切开线刺入注射针头，胆囊内接种菌种。用生理盐水冲洗胆囊，撤去隔离纱布，更换手术器械，消毒手臂。胆囊壁第二层进行库兴氏缝合或伦勃特氏缝合（图5-43，视频5-13）。抽去胆囊牵引线，将胆囊还纳回腹腔内。常规关闭肋间切口（图5-44）。

术后一般不用抗菌药，8～10天拆除皮肤缝线，转入正常的饲养和使役。经过两年以上的培植期，可进行手术取黄，取黄手术方法与植黄手术方法相似。取黄后再植入牛黄床，继续培植牛黄。

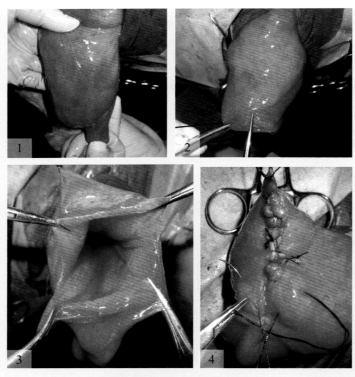

图5-43　胆囊内植入牛黄床

1—牵引胆囊至切口外；2—在胆囊底部安置牵引线，切开胆囊壁；3—显露胆囊腔，植入牛黄床；
4—第一层连续缝合，牛黄床固定线线尾与胆囊壁做缝合固定，第二层库兴氏缝合

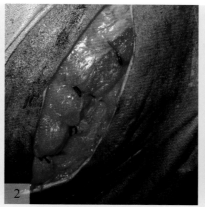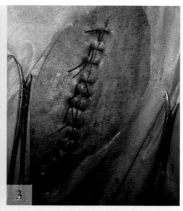

图5-44　闭合肋间切口

1、2—连续缝合腹膜，间断缝合肋膈膜与肋间肌层；3—皮肤做间断缝合

二、牛腹腔内植入模拟胆囊培植牛黄手术

该植黄技术在牛腹腔内植入模拟胆囊并人为改变胆汁流动路径，即牛胆汁流动路径改为：肝→胆囊→胆囊胆汁引流管→模拟动物胆囊→胆总管插管（胆汁回流管）→十二指肠，建立了胆汁在胆囊和模拟胆囊内的成黄环境。

【术前准备】模拟胆囊用高压聚乙烯材料注塑而成，呈扁圆形。顶端设有胆汁引流管接头、排气管接头、胆汁回流管接头。其腹腔面为平面，内脏面为凸面。于3、6、9点钟处分别设有三个固定线挂耳。模拟胆囊腔内壁衬有皱褶状牛黄床。胆汁引流管的前端连接胆囊内牛黄床，距牛黄床2cm处有一圆形硅胶压垫。胆总管插管（胆汁回流管）为L形管，短壁端剪成斜面。胆汁回流管与排气管为普通硅胶管（图5-45）。模拟胆囊和导管用0.1%新洁尔灭液浸泡消毒，使用时再用生理盐水冲洗干净。

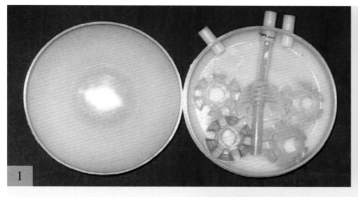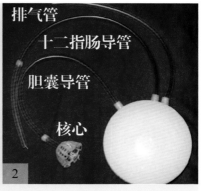

图5-45　模拟胆囊及导管

1—打开的模拟胆囊或体外牛黄发生器；2—对合的模拟胆囊与引流管

术前禁食36～48小时，禁水8～12小时。非致病性耐胆汁大肠杆菌肉汤培养液同牛胆囊内培植牛黄菌种。

【切口定位】右侧髋结节向前的水平线，与第十二肋骨交点处为切口上端，沿肋骨切开皮肤、肌肉、骨膜，截除第十二肋骨18～20cm（图5-46）。

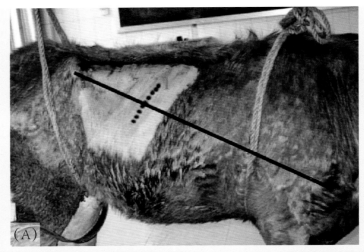

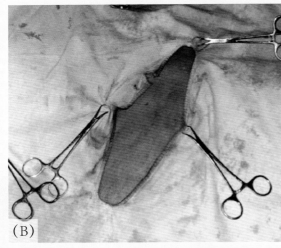
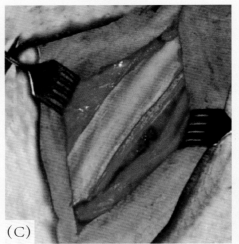

图5-46 腹壁切开的方法

（A）切口定位（1—倒数第二肋骨处的皮肤切口；2—髋结节与肩端的连线）；（B）术部隔离；（C）截除倒数第二肋骨

【麻醉与保定】全身麻醉配合腰旁神经、肋间神经传导麻醉。柱栏内站立保定。

【手术方法】本手术包括三方面内容。

①胆总管插管术：打开腹腔，在肝十二指肠韧带内寻找胆总管。术者左手牵引十二指肠乙状弯曲部，显露肝十二指肠韧带。食指、中指在肝十二指肠韧带腹面，拇指在韧带背面，轻轻向腹壁切口方向牵引。必要时剪开肝十二指肠韧带的近肝侧

浆膜。在肝十二指肠韧带的浆膜上做一2cm的小切口，在小切口内游离胆总管（图5-47、图5-48）。注意不要误伤与之并行的血管。在显露胆总管的近心端和远心端各系一牵引线，在两牵引线之间截断胆总管。胆总管近心端，通过缝合或结扎封闭断端。胆总管的远心端插入L形管的短臂，短臂尖不能超过十二指肠奥狄氏括约肌。用胆总管上的预置牵引线打结固定L形管。用网膜填充胆总管切断后的两断端之间隙。L形管长臂自腹壁小切口引至体外。

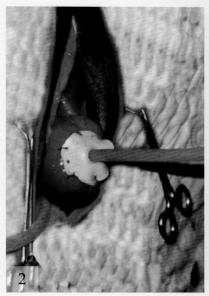 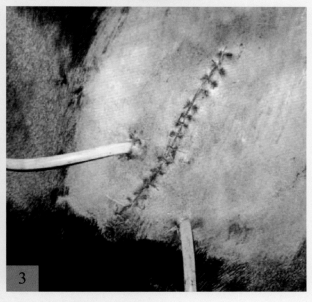

图5-47　胆总管与胆囊插管的方法

1—安置肋骨牵开器，在胆总管上缝置牵引线，做胆总管插管；2—胆总管插管后做胆囊插管，缝置胆囊压垫；3—在肋间切口的前后分别引出胆囊导管和胆总管导管的游离端

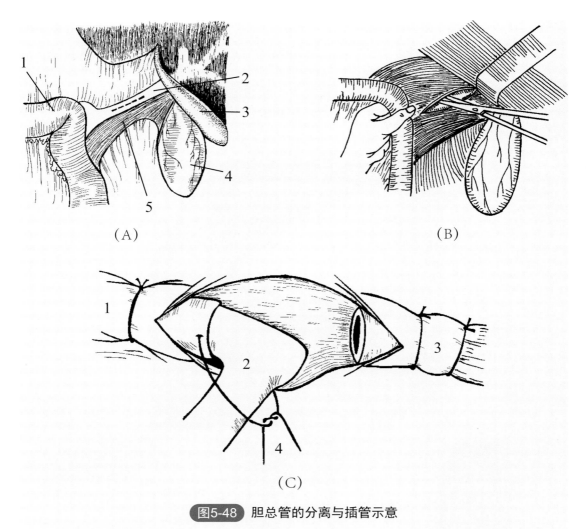

图5-48 胆总管的分离与插管示意

（A）确定胆总管的位置（1—十二指肠乙状弯曲；2—胆总管；3—掀开的肝叶；4—胆囊；5—肝十二指肠韧带）；（B）分离胆总管；（C）胆总管插管（1—胆总管十二指肠端；2—L型插管；3—胆总管肝叶端；4—L形插管固定线）

②胆囊内植入带有牛黄床的胆汁引流管：将胆囊牵引至腹壁切口外，在胆囊底血管稀少区做胆囊切开，将带胆汁引流管的牛黄床植入胆囊腔内。胆囊切口两层缝合，方法同牛活体胆囊内培植牛黄手术。将胆汁引流管上的胆囊压垫缝合固定在胆囊壁上。引流管尾端自腹壁小切口引至体外。

③腹腔内植入模拟胆囊：将模拟胆囊植入右肷部下方侧腹壁与大网膜之间的腹腔内，模拟动物胆囊的顶部与胆囊底在同一水平上。在模拟动物胆囊的三个固定挂耳上分别栓系粗丝线，然后在右侧腹壁与固定挂耳相应的部位上各做一个1cm长的皮肤小切口，术者右手拇指、食指和中指夹持固定线线尾带入腹腔内，左手持止血钳经皮肤小切口一端向腹腔内刺入，夹持固定线尾拉出腹腔外。按同样操作方法，将另两个固

定挂耳上的固定线尾分别引至腹腔外。助手缓慢拉紧三个固定挂耳上的线尾，与此同时，术者将模拟胆囊推送到右侧腹腔内，使之与右侧腹壁贴紧。仔细检查确定固定线上没有肠管、网膜缠绕后，将三个固定挂耳上的线拉紧打结。缝合三个皮肤小切口，使线结包埋在皮下。

　　模拟胆囊安装后，在右肷部的腹壁皮肤上做三个小切口，分别将模拟胆囊上的排气管、胆汁回流管和胆汁引流管引出体外，常规关闭腹壁切口。在体外，胆汁回流管与L形管长臂之间用单向阀门连接，胆汁引流管与胆囊插管连接，并将各导管缝合固定在皮肤上（图5-49）。当模拟胆囊内充满胆汁并从排气管向外溢出时，将排气管外口封闭。

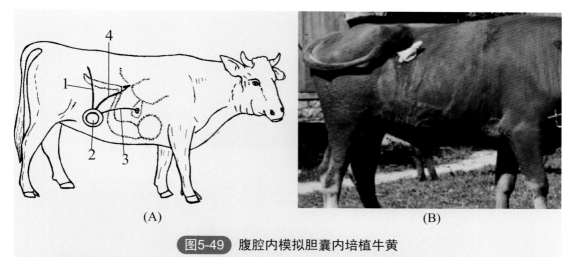

(A)　　　　　　　　　　　　　　　(B)

图5-49　腹腔内模拟胆囊内培植牛黄

（A）腹腔内各管位置（1—排气管；2—模拟胆囊；3—胆囊插管；4—胆总管插管）；（B）包扎保护模拟胆囊排气管的体外口

　　术后5~7天内用抗菌药，然后经排气管向模拟动物胆囊内接种非致病性耐胆汁大肠杆菌10～15mL。在培植牛黄期间，每天应注意观察玻璃接头（单向阀门）处胆汁流通情况并防止导管曲折，及时补充皮肤的导管固定缝合；及时冲洗导管皮肤出口处的渗出物或脓汁。培植牛黄期间应加强饲养管理，注意饲料的配比，以加速牛的育肥，经90～120天即可屠宰取出模拟胆囊和牛胆囊内牛黄床，但手术取出模拟胆囊后再次植入模拟胆囊的手术难度较大。

三、牛体外牛黄发生器内培植牛黄技术

　　牛体外牛黄发生器内培植牛黄技术是在总结动物模拟胆囊内快速培植牛黄技术的基础上发展的又一培植牛黄技术。它具有手术操作简便、取黄不需要再做手术、一头牛可以长期植黄和牛黄产量高等优点，缺点是术后对牛黄发生器的护理较费时。

外科手术方法同上述牛腹腔内植入模拟胆囊培植牛黄手术，但将模拟胆囊（牛黄发生器）安装在体外，而不是腹腔内。在体表先安置固定架，其背板下缘在腹壁切口的上角处，腹带前紧后松。牛黄发生器悬挂在背板上，其下缘不低于膝关节水平线。连接胆汁引流管（胆囊插管）和胆汁回流管（胆总管插管）于牛黄发生器上，在胆汁回流管与模拟胆囊之间连接单向阀门，单向阀门垂直于地面（图5-50）。然后，用缝线将体外各导管缝合固定到牛体表皮肤上。待排气管内流出胆汁时，关闭排气管，安置牛黄发生器保护盖。

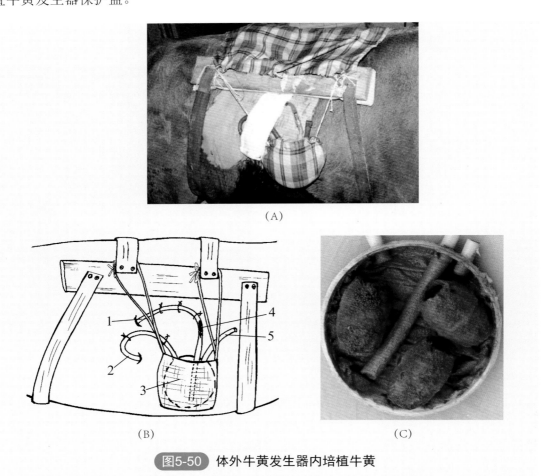

（A）

（B）　　　　　　　　　　　　　　　　（C）

图5-50　体外牛黄发生器内培植牛黄

（A）体外固定与连接；（B）体外固定与连接示意（1—胆总管插管；2—胆囊插管；3—牛黄发生器/模拟胆囊；4—单向阀门；5—排气管）；（C）牛黄发生器/模拟胆囊内培植的牛黄

术后第7天牛黄发生器内接种牛黄菌种。每日观察牛的采食量、精神状态和鼻汗，检查胆汁流通情况。胆汁流通管道堵塞的常发部位是胆汁引流管及胆总管插管。若为胆汁引流管堵塞，则需自牛黄发生器上拔下该管，向胆囊内注入少许空气，通畅后即有胆汁流出，堵塞物有时随胆汁一同流出；待滞留的胆汁流尽后，再用灭菌温生理盐水冲洗囊腔2~3次，以排净胆囊内形成的纤维素块；消毒管口后重新连接于牛黄发生器上。若为胆总管插管堵塞，则自牛黄发生器上拔下胆汁回流管，自此管向十二指肠方向注入适量灭菌温生理盐水；疏通后消毒管口，重新连接于牛黄发生器上。术后需每日主动排空一次胆总管插管内的胆汁，以防被反流的肠内容物堵塞。

　　每日饲喂牛时，观察固定架的平衡情况。若出现左右倾斜，及时调整。待牛黄发生器内长满牛黄后，更换新的牛黄发生器，继续培植牛黄。

第十一节　牛瘤胃造瘘术

【适应证】经此瘘管可做瘤胃内食物消化试验及瘤胃内环境的研究等，也可用于病畜人工投喂食物。

【术前准备】术前禁食24~36小时，禁水6~8小时。左侧腹壁剃毛、消毒。

【麻醉与保定】全身麻醉配合腰旁神经传导麻醉。站立保定。

【切口定位】左肷部瘤胃背囊的相对处。自髋结节中点水平线，距最后肋骨后缘8~10cm处，向下做长10～15cm、宽5~6cm的椭圆形皮肤切口（图5-51）。实际上，应根据瘘管筒的直径决定切口的长度和宽度。

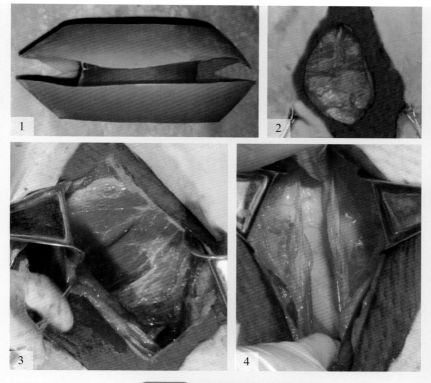

图5-51　腹壁切开的方法

1—瘤胃软质瘘管；2—做椭圆形皮肤切口；3、4—钝性分离腹壁肌层

【**手术方法**】切开腹壁，显露瘤胃，用六点固定缝合法将瘤胃与皮肤做固定缝合；结扎横过瘤胃预切口的血管，用粗丝线在瘤胃上做荷包缝合并在缝合区中部做瘤胃切开（图5-52）。结扎瘤胃壁出血点，将瘤胃导管底盘自瘤胃切口置入胃腔内，抽紧荷包缝合线并打结，使胃壁浆膜内翻（图5-53）。冲洗后，转入无菌手术。在第一个荷包缝合的外侧2~3cm处再做一荷包缝合。拆除瘤胃固定线，冲洗，将瘤胃和瘘管筒还纳腹腔内（图5-53，视频5-14）。检查皮肤切口封闭情况，若封闭不严密，可在刀口上角做间断缝合。皮肤创缘消毒后，在导管筒与皮肤创缘之间涂布抗菌药软膏。

术后，注射抗菌药5~7天；每3~5天，用0.1%新洁尔灭溶液清洗瘘管周围的创围，并涂布抗菌药软膏，保持瘘管周围清洁。

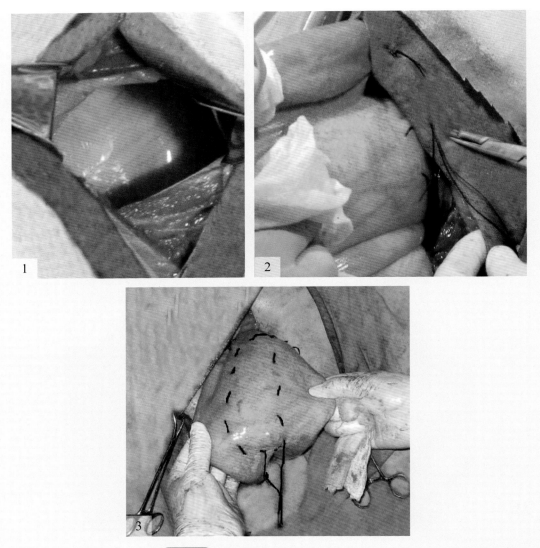

图5-52 在瘤胃壁上做预置荷包缝合

1—显露瘤胃；2—用六针固定法临时固定瘤胃；3—做椭圆形荷包缝合

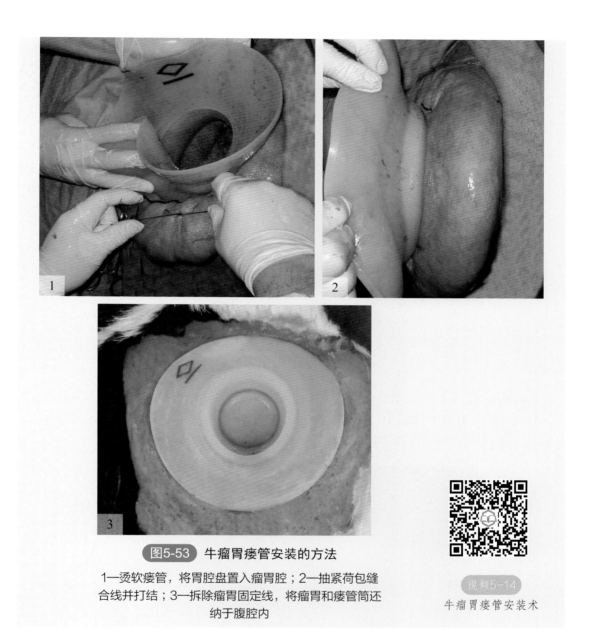

图5-53 牛瘤胃瘘管安装的方法

1—烫软瘘管，将胃腔盘置入瘤胃腔；2—抽紧荷包缝
合线并打结；3—拆除瘤胃固定线，将瘤胃和瘘管筒还
纳于腹腔内

视频5-14

牛瘤胃瘘管安装术

第十二节　牛小肠造瘘术

【适应证】常用的小肠瘘有隔离肠瘘和普通肠瘘。普通肠瘘是将导管的一端插入肠腔，另一端引至体外。隔离肠瘘是先制作隔离肠段，然后在隔离肠段上造瘘。通过肠瘘能向肠管内放入所要研究的物质，研究其在一定时间内的分解、吸收情况，也可研究肠段的分泌、运动机能等。

【术前准备】术前禁食24～36小时，禁水6～8小时。隔离肠瘘用直形硅胶管或尼龙管，普通肠瘘用T形硅胶管或尼龙管，T形管的短臂游离缘开放，呈槽状；腹膜盘用硅胶网或尼龙网制作，皮肤盘为硬质塑料（图5-54）。

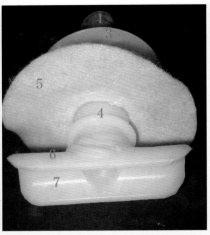

图5-54 小肠瘘管的结构组成

1—导管塞；2—皮肤盘固定卡；3—皮肤盘；4—导管筒；5—腹膜盘（压垫）；6—导管臂；7—凹槽
式肠导管

【麻醉与保定】静松灵镇静配合肋间神经传导麻醉或局部浸润麻醉。站立保定。

【切口定位】截除倒数第一或第二肋骨，自肩端上缘水平线向下切开20~25cm（图
5-55）。空肠造瘘是做右胁部中切口，回肠造瘘是做右胁部后切口。

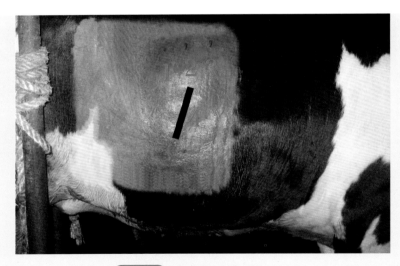

图5-55 牛小肠造瘘切口定位

1—最后肋骨；2—倒数第二肋骨；3—倒数第三肋骨；4—皮肤切口，自肩端水平线向下切开皮肤，
截除倒数第二肋骨

【手术方法】常规切开腹壁，剪开腹膜，打开腹腔。将一段实验肠段引至切口外。向

后方推挤肠道内容物，安置肠钳，在对肠系膜侧切开肠壁。将T形管插入肠道内，创口两端做连续全层内翻缝合；围绕T形管做荷包缝合（图5-56）。然后，对肠壁切口做浆膜肌层内翻缝合。将硅胶网（腹膜盘）套在导管筒上并将其与肠壁浆膜肌层做间断缝合（图5-57）。松开肠钳，管筒内塞入纱布或安上管塞，在皮肤原切口附近切一小口，将导管从小切口引出体外，常规缝合腹膜、腹壁肌肉、皮肤。

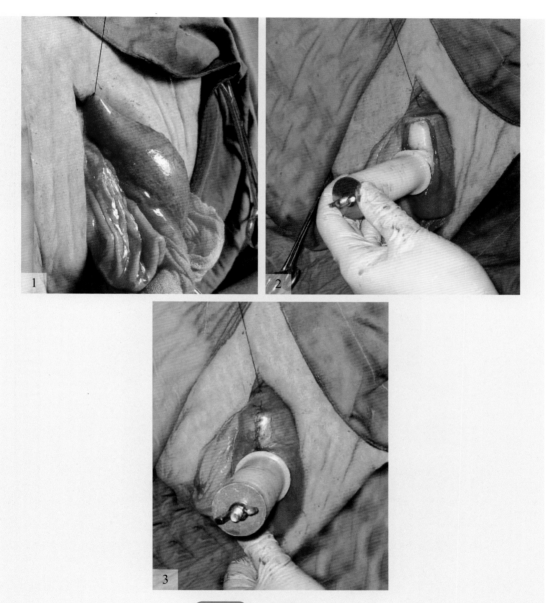

图5-56　小肠插管的方法

1—将病变肠段牵引至切口外，在切口两端缝置牵引线；2—剪开肠壁，插入T形导管；3—内翻缝合肠壁全层

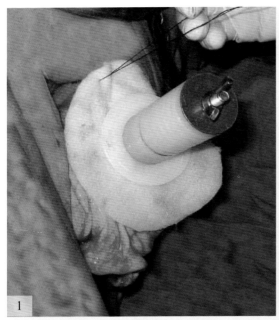

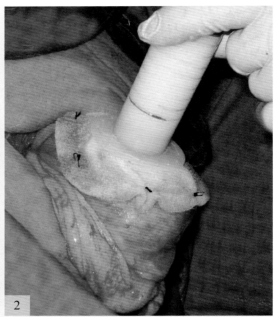

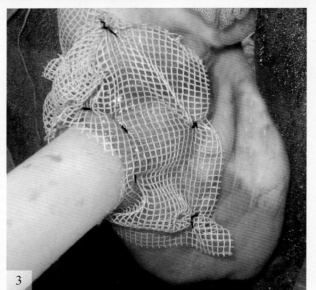

图5-57 肠管压垫的缝置方法

1、2—用尼龙布做压垫，将其与浆膜肌层做间断固定缝合，外置腹膜盘；3—用尼龙网做压垫

安装导管的皮肤盘，取出管筒内的纱布，安上管塞（图5-58）。导管周围涂布抗菌药软膏，如金霉素软膏。术后少量进食，每天注射抗菌药，持续5天。对动物进行24小时监护，记录采食、饮水、反刍、排尿等情况。定期观察创口状态，及时清理导管周围的渗出物或脓性物质，保持渗出物排放通畅。

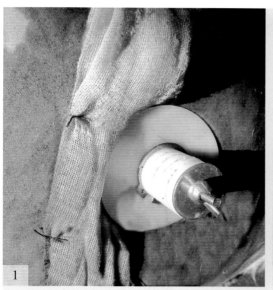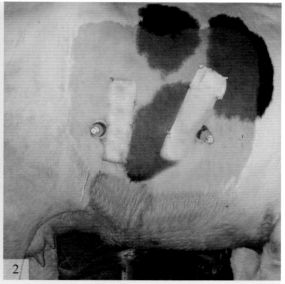

图5-58 小肠瘘管的体表位置

1—十二指肠瘘管，自切口的前方辅助切口引至体外；2—十二指肠与空肠瘘管的引出位置

十二指肠游离性小，探查寻找十二指肠的标志部位是幽门，沿幽门寻找十二指肠。回肠末端接盲肠，二者之间有回盲韧带相连，先探查找到盲肠尖，沿盲肠辨认回肠。十二指肠插管造瘘时，应避开胆总管和胰腺管在十二指肠的开口处，多在幽门与胆总管开口之间插管。空肠应依据实验目的，在适宜的部位插管。回肠的位置偏内，且与空肠的界限不明显，在允许的情况下，尽量靠近其末端插管。导管尽量靠近腹壁，以接触腹膜为宜；检查导管与腹壁之间没有脏器嵌入时再固定导管，关闭腹腔。

第六章　泌尿生殖器官疾病手术

第一节　膀胱切开术

【适应证】膀胱结石、膀胱肿瘤及膀胱破裂修补等。

【解剖特点】膀胱呈梨形，位置取决于储存的尿量多少，膀胱空虚时，位于骨盆腔内。膀胱分为前部的顶、中部的体和后部的颈，膀胱颈连接尿道；在膀胱颈部，由两侧的输尿管入口处和尿道口围成膀胱三角区；底部和体部有腹膜覆盖，颈部周围为疏松结缔组织。膀胱壁由黏膜层、黏膜下层、肌层和外膜组成，黏膜形成许多不规则的皱褶。膀胱的两侧经膀胱侧韧带与骨盆侧壁相连，腹侧经膀胱正中韧带与腹底壁和脐相连，侧韧带的游离缘为索状，称为膀胱圆韧带，是胎儿期脐动脉的遗迹。膀胱颈与尿道连接处无括约肌，为膀胱肌。膀胱肌为横纹肌，围绕尿道骨盆部，受阴部神经支配。尿道平滑肌具有括约肌的作用，由交感神经支配。

膀胱的血液供应来自膀胱前动脉、膀胱后动脉，它们分别是脐动脉和泌尿生殖动脉的分支；交感神经来自腹下神经，副交感神经来自于骨盆神经。

【麻醉与保定】全身麻醉配合局部麻醉。仰卧保定。

【切口定位】母猪在耻骨前方至脐孔腹中线切开（脐后腹中线）。公畜在脐后阴茎一侧2～3cm处切开皮肤及皮下组织，将阴茎向对侧牵拉，显露、切开腹白线，打开腹腔。母羊、母牛等母畜可自乳房一侧在腹直肌中部做白线旁切开（图6-1）。

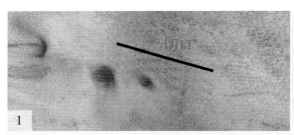
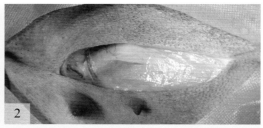
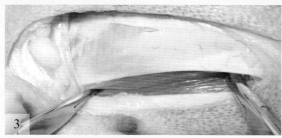

图6-1　山羊腹底壁切开的方法

1—切口定位，乳腺旁做平行腹中线切口；2—切开皮肤与皮下组织；3—切开腹直肌外鞘，钝性分离腹直肌

【手术方法】切开腹壁，显露膀胱（图6-2）。抽取膀胱积尿，将膀胱引至切口处向后方翻转，暴露膀胱背侧，纱布隔离，在背侧无大血管区切开膀胱壁（图6-3）。膀胱腹侧切口易形成结石或膀胱瘘。用药匙取出结石及泥砂，用尿道插管反向冲洗，将尿道内结石冲至膀胱，清洗膀胱腔。用可吸收缝线缝合膀胱切口（图6-4），第一层用外翻缝合（间断或连续水平褥式全层或黏膜层外翻缝合），第二层用间断或连续伦勃特氏缝合（垂直褥式浆膜肌层内翻缝合）。

视频6-1
马膀胱切开术

　　闭合腹腔，腹膜及腹白线组织一同缝合，自耻骨前缘开始缝（图6-5）。腹直肌外鞘间断或连续缝合；分别缝合皮下组织和皮肤。术后输液、利尿、抗菌药治疗。马膀胱切开术见视频6-1

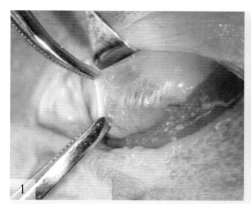
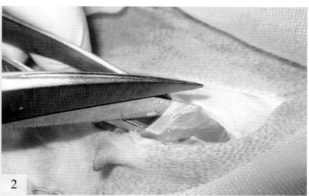

图6-2　山羊腹膜切开的方法

1—两把止血钳提起腹膜，在两把止血钳之间剪开腹膜；2—用剪刀扩大切口

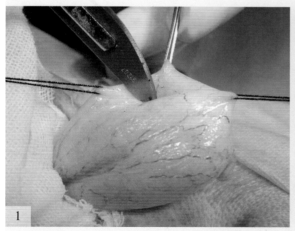
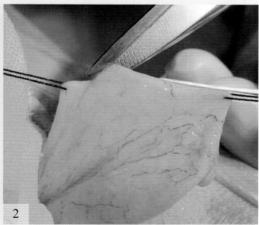

图6-3　山羊膀胱切开的方法

1—向后翻转膀胱，切口在膀胱前背侧，用手术刀刺一小口；2—用剪刀扩大切口

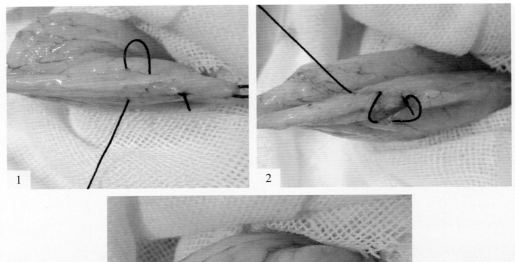

图6-4 山羊膀胱缝合的方法

1—外翻缝合法缝合黏膜层；2、3—库兴氏缝合法缝合浆膜肌层

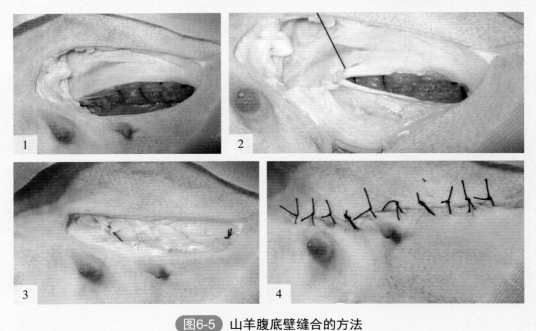

图6-5 山羊腹底壁缝合的方法

1—连续缝合腹膜与腹直肌内鞘；2—连续缝合腹直肌外鞘；3—连续缝合皮下组织；4—间断缝合皮肤

第二节　尿道切开术与尿道造口术

【适应证】尿道结石或异物。育肥牛羊因膀胱积砂致排尿困难时，可行尿道造口术。

【解剖特点】阴茎包括根、体、头三部分。阴茎根分为左右两个阴茎脚，由阴茎海绵体组成，起自两侧的坐骨结节，在阴茎正中线融合。阴茎球位于坐骨弓、两阴茎脚之间，分左右两叶，是尿道海绵体背侧的膨大，其腹侧有球海绵体肌覆盖，球海绵体肌沿阴茎体前行，与阴茎退缩肌一起附着于白膜。阴茎退缩肌起自荐骨腹侧面及第1、2尾椎腹侧，与肛门括约肌融合，沿阴茎的腹侧面前行，止于阴茎头。

阴茎海绵体位于阴茎的背侧，由正中隔分为左右两部分，每一部分由纤维性白膜包裹；白膜分出许多侧索伸入海绵体内，将海绵体分为许多小室，并起到支架的作用；阴茎海绵体腹侧为尿道和尿道海绵体，尿道海绵体围绕尿道呈管状。海绵体腔直接与阴茎血管相通。牛、羊的阴茎在阴囊部形成"S"状弯曲，腹侧的尿道海绵体较厚（图6-6、图6-7）。猪阴茎的"S"状弯曲位于阴囊前方。

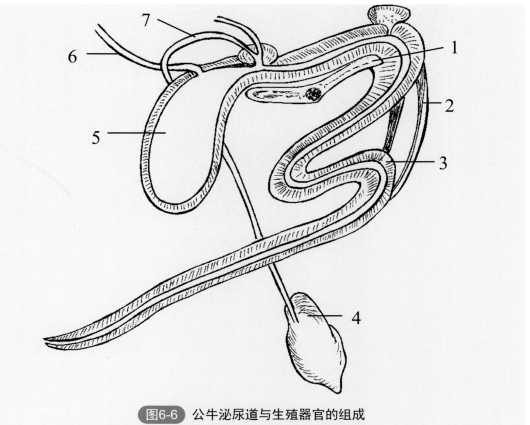

图6-6　公牛泌尿道与生殖器官的组成

1—坐骨；2—阴茎退缩肌；3—乙状弯曲部；4—睾丸；5—膀胱；6—输尿管；7—输精管

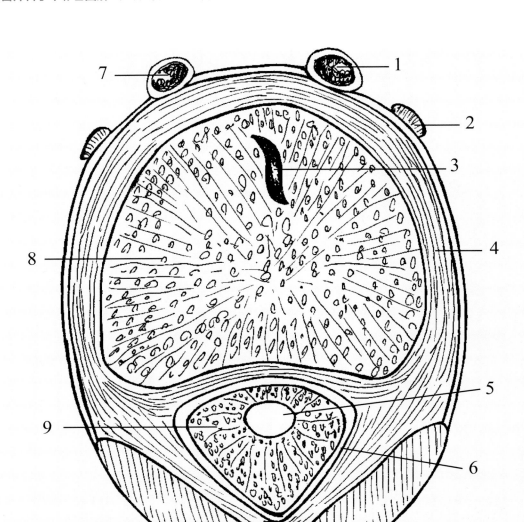

图6-7 牛的阴茎横断面

1—阴茎背静脉；2—阴茎背神经；3—阴茎海绵体血管；4—白膜；5—尿道；6—尿道白膜；7—阴茎背动脉；8—阴茎海绵体；9—尿道海绵体；10—球海绵体肌

　　阴茎的动脉为阴部内动脉、闭孔动脉和阴部外动脉，动脉与静脉、淋巴管并行。阴部内动脉进入阴茎根，闭孔动脉分支为阴茎深动脉，进入阴茎脚海绵体内；阴部外动脉分出阴茎背动脉，并有分支穿透白膜，进入海绵体；但阴茎头海绵体的血液来自包皮阴茎层的静脉。阴茎神经来自阴部神经和交感神经骨盆丛。阴部神经分支到阴茎背侧，称为阴茎背神经。

　　【麻醉与保定】全身麻醉配合阴茎背神经传导麻醉。仰卧保定。

　　【切口定位】尿道阻塞部腹中线处，牛羊多位于乙状弯曲处（图6-8）。

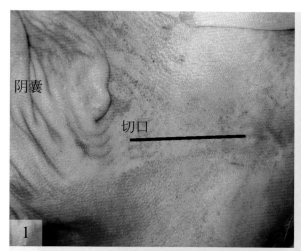
阴囊

切口

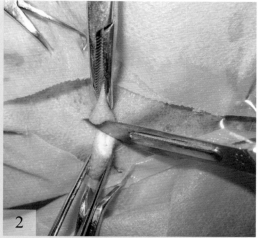

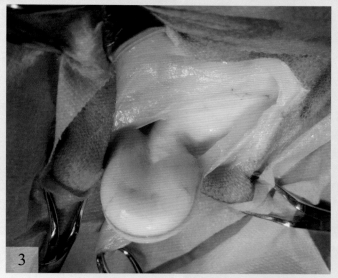

图6-8 山羊阴囊后阴茎的显露

1—切口定位；2—皱襞切开皮肤；3—分离皮下组织，显露乙状弯曲

【手术方法】先行尿道插管，导管直达阻塞部。在阻塞部腹中线处正对结石做3～5cm长的切口，切开皮肤、皮下组织，将阴茎退缩肌向一侧轻轻分离，切开尿道海绵体（图6-9，视频6-2），用小药匙或刮匙取出结石。冲洗切口后，将导尿管继续向后插至膀胱内，放出积尿。以导尿管为支架，用可吸收缝线间断缝合尿道切口（图6-10）。缝针不穿透黏膜，黏膜下层与海绵体一起缝合。缝合时先不打结，缝置好所有尿道切口缝线后一起打结；充分止血后切口处涂布生物黏合剂。皮肤和皮下组织一次缝合。

视频6-2
马尿道切开术

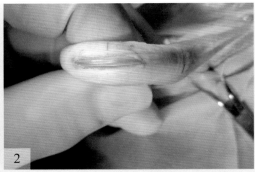

图6-9 山羊尿道切开的方法

1—手持阴茎，在阴茎腹侧，正对结石紧张切开全层组织；2—显露结石和导尿管

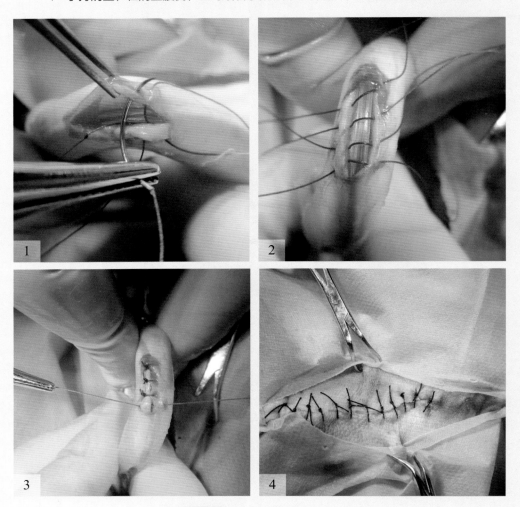

图6-10 山羊尿道的缝合法

1—缝针自一侧的被膜、尿道海绵体、黏膜下穿入，至对侧黏膜下、尿道海绵体、被膜穿出；2、3—缝置好所有尿道缝合线，最后一同打结；4—间断缝合皮肤与皮下组织，分离皮下组织

尿道损伤严重的或膀胱积砂致排尿困难的，可行尿道造口术。牛羊尿道造口时，切口在阴囊后部或在坐骨弓水平会阴部中线上（图6-11），前者操作简便，尿液对皮肤的污染轻，但尿道较狭窄，尿道阻塞的复发率高。在坐骨弓水平会阴部中线上做尿道造口时，尿道切口尽量向前，在管径较粗的骨盆部膜性尿道后端做造口，以确保术后尿道通畅。切开皮肤，钝性分离皮下组织、会阴筋膜至阴茎。用可吸收缝线一同间断缝合尿道黏膜与皮肤创缘（图6-12）。术后保留导尿管2～3天；输液时，抗炎药、抗菌药、利尿药联合应用（视频6-3）。

视频6-3
马尿道造口术

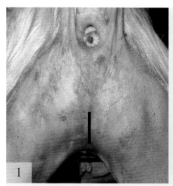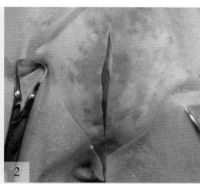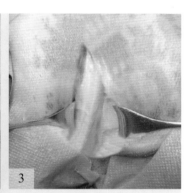

图6-11　公羊会阴部尿道的显露

1—切口定位；2—皱襞切开皮肤，分离皮下与阴茎周围的组织；3—显露阴茎

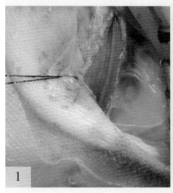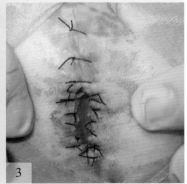

图6-12　公羊尿道造口的方法

1、2—在阴茎腹侧切开尿道，自中间开始将尿道黏膜和海绵体与皮肤做间断缝合；3—人造的尿道开口，其下角为最低点，以减轻尿液对皮肤的污染与刺激

第三节 去势术

【适应证】使性情恶劣的公畜变得温顺，易于管理和使役；淘汰不良畜种；提高肉用家畜的皮毛质量和肉质，加速育肥。另外，当公畜发生睾丸炎、睾丸肿瘤、睾丸创伤、鞘膜积水等疾病，用其他方法治疗无效时可做去势术。

【解剖特点】阴囊包括阴囊颈、阴囊体和阴囊底。阴囊壁由皮肤、肉膜、提睾肌和鞘膜组成，囊内含有睾丸、附睾和精索。阴囊表面正中线为阴囊缝际，将阴囊分成左右两半。肉膜沿阴囊缝际形成一隔膜，称为阴囊中隔。肉膜下筋膜在阴囊底部的纤维与鞘膜密接，构成阴囊韧带（胎儿期睾丸引带的遗迹）。睾外提肌位于总鞘膜外，是一横纹肌。

总鞘膜是由腹横筋膜与紧贴于其内的腹膜壁层延伸至阴囊内形成，在阴囊壁的内面；在内环处总鞘膜与腹膜壁层相连。在腹股沟管的后壁，总鞘膜反转包被精索，形成皱褶状的睾丸系膜或固有鞘膜，固有鞘膜包被在精索、睾丸和附睾上；在附睾后缘鞘膜的加厚部分称为附睾尾韧带。总鞘膜与固有鞘膜之间形成鞘膜腔，与腹腔相通。精索为一索状组织，呈扁平的圆锥形，由血管、神经、输精管、淋巴管和睾提肌等组成（图6-13）。

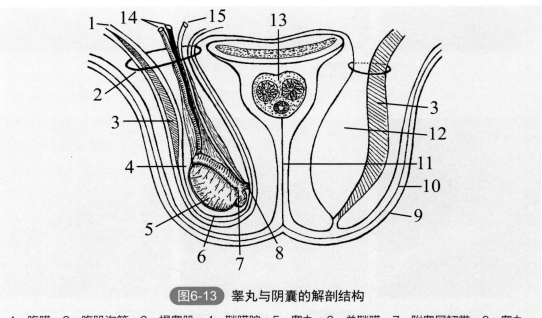

图6-13 睾丸与阴囊的解剖结构

1—腹膜；2—腹股沟管；3—提睾肌；4—鞘膜腔；5—睾丸；6—总鞘膜；7—附睾尾韧带；8—睾丸韧带；9—皮肤；10—肉膜；11—阴囊中隔；12—鞘膜囊；13—阴茎；14—精索脉管；15—输精管

【术前准备】术前检查公畜的全身情况，注意体温、脉搏、呼吸是否正常，有无全身症状，以及局部有无影响去势效果的病理变化。在传染病流行时，应暂缓去势。检查两侧睾丸是否降入阴囊内，有无隐睾、阴囊疝。对大家畜，通过直肠检查以确定腹股沟内环的大小，若内环能插入3个手指指端，即为内环过大，去势时或去势后肠管有可能从腹股沟管脱出，应进行被睾去势术。术前12小时禁饲，不限饮水。

一、公畜开放式去势术

【麻醉与保定】全身麻醉配合阴囊壁局部浸润麻醉与精索内神经传导麻醉。右侧卧保定，把右后肢、两前肢一同捆绑固定，左后肢向前方转位以充分显露会阴部。

【切口定位】在阴囊缝际两侧的阴囊壁上，平行阴囊缝际各做一个切口。

【手术方法】根据去势时是否切开总鞘膜，可分为露睾去势术和被睾去势术。

①露睾去势术。左手握住阴囊颈部，使阴囊皮肤紧张，两睾丸与阴囊缝际平行排列，然后用灭菌绷带在阴囊颈部结扎固定。在阴囊缝际两侧1.5～2cm处平行缝际切开阴囊壁，暴露睾丸（图6-14）。切口长度以睾丸能自由露出为宜。然后，先处理上方的睾丸，再处理下方的睾丸。

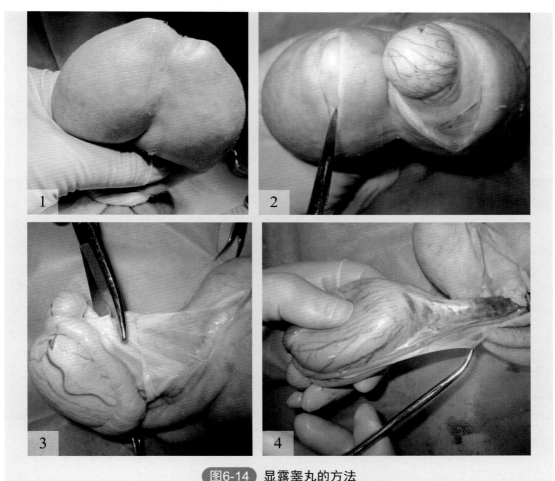

图6-14 显露睾丸的方法

1—用手挤压固定睾丸；2—平行阴囊缝际切开阴囊壁；3—剪断阴囊韧带；4—向近心端分离睾丸系膜

　　用手术剪紧贴附睾尾剪断附睾韧带。用手向上分离撕开睾丸系膜，睾丸即下垂。向外牵引睾丸，充分显露精索。在睾丸上方6～8cm处，用弯圆针系7号丝线单纯贯穿结扎精索。结扎时先用止血钳夹闭精索组织，然后在钳夹处做结扎。在第一个结扎线的下方1.5～2.0cm处再做第二个贯穿结扎。距结扎线1.5～2.0cm剪断精索，在确定精索断端不出血时用碘酊消毒断端，将精索送回鞘膜管内（图6-15）。用同样的方法，摘除对侧的睾丸。一般不缝合皮肤切口（视频6-5）。公马去势术见图6-16，视频6-4。

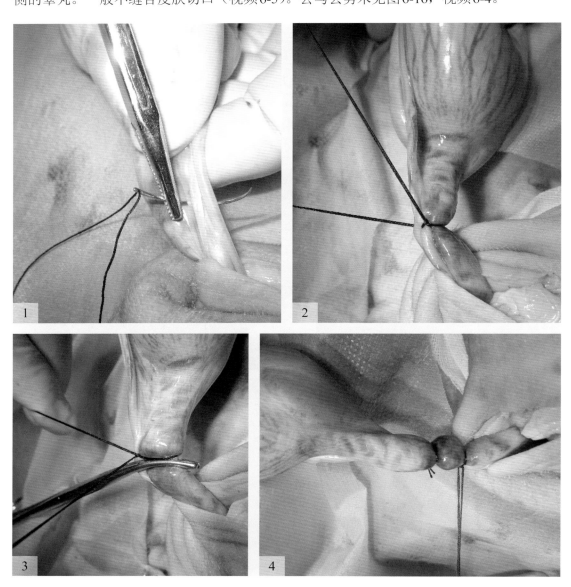

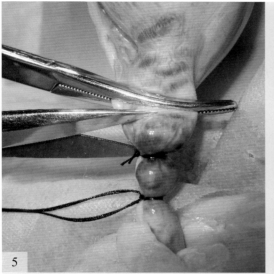
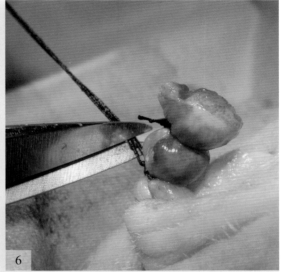

图6-15　结扎剪断精索的方法

1、2—贯穿结扎精索脉管；3—在打紧第一结扣的同时松去止血钳；4—双重结扎精索；5—在结扎
线远心侧钳夹精索，在止血钳与结扎线之间剪断精索；6—精索断端不出血后，剪断结扎线线尾

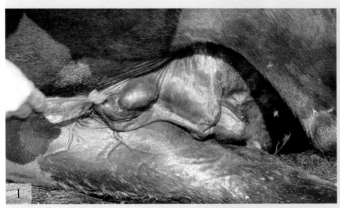
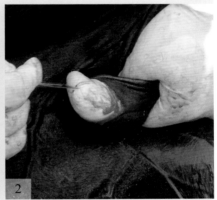

图6-16　公马去势术

1—侧卧保定，上方后腿前伸外展；2—用手固定睾丸，在阴囊底做平行阴囊缝际的阴囊壁切口，显
露睾丸并参照上述露睾去势术的方法摘除睾丸

视频6—4
马去势术

视频6—5
露睾去势术

②被睾去势术。当腹股沟管内环过大，露睾去势有发生肠脱出危险时，或患有阴囊疝时，可采用被睾去势术（视频6-6）。该法不切开总鞘膜，钝性分离总鞘膜与阴囊壁，在摘除睾丸的同时将总鞘膜一同结扎切除。先用止血钳夹闭精索组织，然后在钳夹处做贯穿结扎。在第一个结扎线的下方1.5～2.0cm处再做第二个贯穿结扎。距结扎线2～3cm处剪断总鞘膜和精索，除去睾丸（图6-17、图6-18）。在确定精索断端不出血时用碘酊消毒断端，将总鞘膜送回腹股沟管。用同样的方法，摘除对侧的睾丸。

视频6-6

被睾去势术

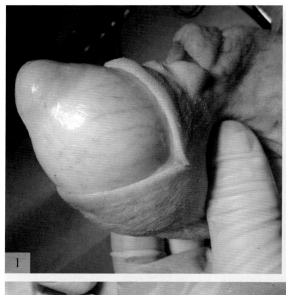

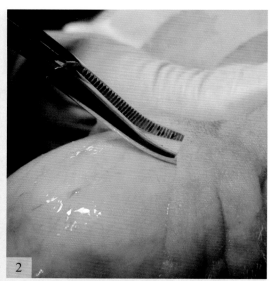

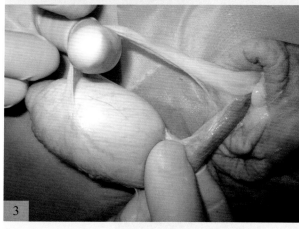

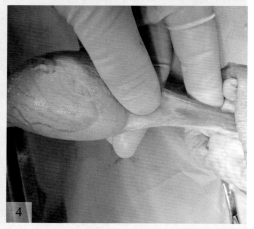

图6-17　分离显露总鞘膜

1—切开阴囊壁至总鞘膜；2—钝性分离阴囊筋膜；3—剪断阴囊筋膜与总鞘膜的联系；4—充分显露精索

术后3～4小时内，将马、牛拴系在安静场地，注意观察术后出血和腹腔内容物有无脱出的现象；上述两种情况多在术后1～4小时内发生。保持地面干燥和术部清洁。一周后可适量运动，10天后转入正常的饲养与使役。马属动物，常需要注射破伤风抗毒素或类毒素，以预防破伤风。

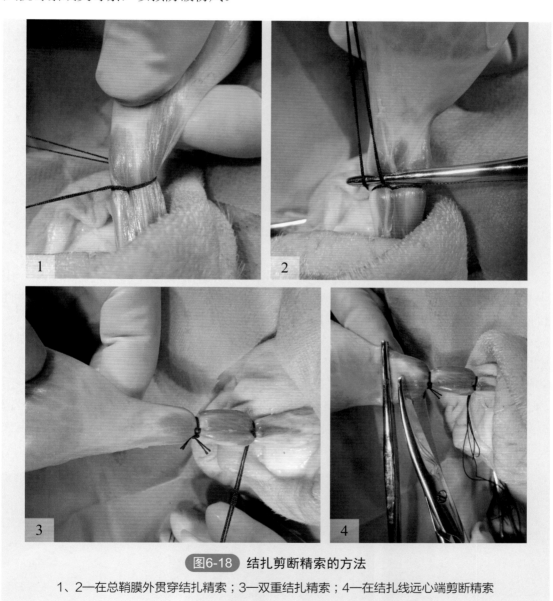

图6-18　结扎剪断精索的方法

1、2—在总鞘膜外贯穿结扎精索；3—双重结扎精索；4—在结扎线远心端剪断精索

二、公牛、公羊无血去势术

【麻醉与保定】镇静、止痛，配合局部麻醉。无血去势钳（图6-19）去势时，采用六柱栏内站立保定，将两后肢固定，以防牛后踢；或采用右侧卧保定，左后肢前方转位。

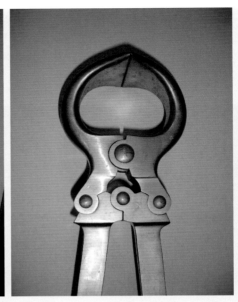

图6-19　无血去势钳

【手术方法】无血去势钳去势术（视频6-7），所用器械为大家畜无血去势钳。用去势钳夹住阴囊颈部的精索，阻滞睾丸的血液供应，使睾丸逐渐萎缩、吸收而失去性机能。该法操作简单，节省材料，手术安全，可避免开放式去势术的并发症。

用手抓住牛阴囊颈部，将睾丸挤到阴囊底部，推挤精索到阴囊颈外侧，用长柄精索固定钳或牛鼻钳夹在精索内侧皮肤上，以防精索在皮下滑动（图6-20）。将无血去势钳钳嘴张开，夹在长柄精索固定钳固定点上方3～5cm处，确定精索在钳嘴内时用力合拢钳柄，即可听到清脆的"咯吧"声，表明精索已被挫灭。钳柄合拢后应停留3～4分钟，再松开钳嘴，松钳后再于其下方1.5～2.0cm处的精索上做第二次钳夹（图6-21）。另侧的精索同样处理，钳夹部皮肤用碘酊消毒。

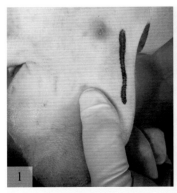
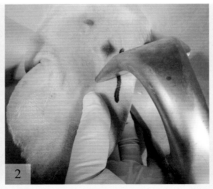
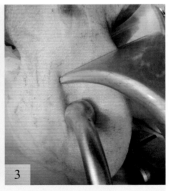

图6-20　公牛无血去势钳的钳夹方法

1—固定睾丸，确定精索的位置；2—用手固定睾丸和精索；3—用牛鼻钳固定睾丸和精索

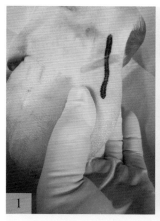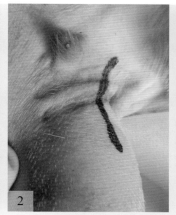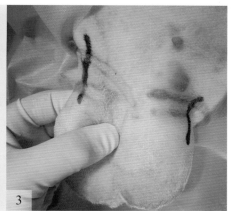

图6-21　被钳夹后的精索

1—做过第一次钳夹的精索；2—做过第二次钳夹的精索；3—被钳夹后的两侧精索

三、公猪去势术

【麻醉与保定】左侧卧保定，背朝向术者，术者左脚踩住猪颈部，右脚踩住猪尾根，局部麻醉或不做麻醉。大公猪去势术时要镇静、止痛，配合局部浸润与精索内神经传导麻醉。

视频6-7

无血去势钳去势术

【手术方法】

①小公猪去势术。用左手腕部按压猪右后肢后，使该肢向上紧靠腹壁，充分显露阴囊。用左手中指、食指和拇指捏住阴囊颈部，把睾丸推挤入阴囊底部，使阴囊皮肤紧张，将睾丸固定。右手持刀，在阴囊缝际的两侧1～1.5cm处平行缝际切开阴囊皮肤和总鞘膜，显露出睾丸。左手握住睾丸，食指和拇指捏住附睾尾部，剪断或撕断附睾韧带，向上撕开睾丸系膜并把总鞘膜推向腹壁，充分显露精索。用指甲将精索捋断，去掉睾丸。然后，按同样方法去掉另一侧睾丸。阴囊壁切口碘酊消毒，不缝合。

②大公猪去势术。在阴囊缝际两侧1～1.5cm处平行阴囊缝际切开阴囊皮肤和总鞘膜，切断附睾韧带，撕开睾丸系膜后充分显露精索，用结扎法除去睾丸（同上述露睾去势术）。

第四节　母猪卵巢摘除术

摘除卵巢能使母猪肉质柔嫩，体重增加。母猪卵巢摘除术包括小挑花、大挑花和腹中线切开法。母猪去势刀见图6-22。

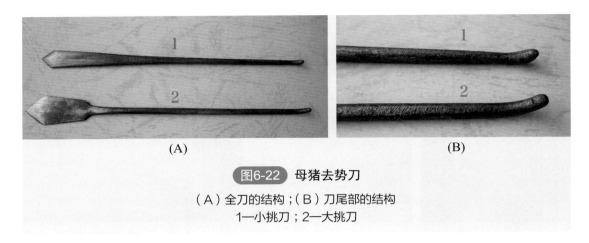

图6-22 母猪去势刀

（A）全刀的结构；（B）刀尾部的结构
1—小挑刀；2—大挑刀

【解剖特点】左右卵巢分别位于骨盆腔入口顶部两旁，其位置因年龄大小不同而有差异。生后2～4个月，卵巢呈卵圆形或肾形，位于第一荐椎岬部两旁稍后方，或骨盆腔入口两侧的上部。5～6个月，卵巢表面有高低不平的小卵泡，形似桑葚，位置也稍下垂前移，在第6腰椎前缘或髋结节前端的断面上；卵巢游离地连于卵巢系膜上。在性成熟以后，卵巢系膜加长，致使卵巢位置又稍向前向下移动，卵巢在髋结节前方约4cm的横断面附近。

输卵管为位于卵巢和子宫角之间的一条粉红色细管，前端为一膨大的漏斗，称输卵管漏斗。漏斗的边缘为不规则的皱褶，称为输卵管伞。2～4月龄，子宫角形状类似熟的宽面条或雏鸡小肠；在接近性成熟期，子宫角增粗，经产母猪的子宫角如人的拇指粗。在进行阉割时，应注意与小肠、膀胱圆韧带的鉴别。

【术前准备】术前禁饲8～12小时，选择清洁的场地和晴朗的天气进行。

一、小挑花（卵巢子宫切除术）

【适应证】适用于1～3月龄、体重5～15kg的小母猪。

【保定】左手提起小母猪的左后肢，右手抓住猪左膝前皱襞，向术者左脚轻轻摆动猪体，使猪头在术者右侧，尾在术者左侧，背向术者。当猪头右侧着地后，术者右脚立即踩住猪的颈部，脚跟着地，脚尖用力，以限制猪的活动。与此同时，将猪的左后肢向后伸直，肢前面朝上，左脚踩住猪左后肢跗部，使猪的头部、颈部及胸部侧卧，腹部呈仰卧姿势。此时，猪的下颌部、左后肢的膝关节部至蹄部构成一直线，并在膝前出现与体轴近似平行的膝皱襞。术者呈"骑马蹲裆式"，使身体重心落在两脚上，小猪则被充分固定。

【切口定位】术者以左手中指顶住左侧髋结节，然后以拇指压迫同侧腹壁，向中指顶住的左侧髋结节垂直方向用力下压，使左手拇指所压迫的腹壁与中指所顶住的髋结节尽可能接近，此时左手拇指指端可摸到荐骨岬隆起部。拇指压迫点稍前方，距左列乳头缘2～3cm处即为术部。

　　猪营养良好，子宫角长，切口稍偏前；猪营养差，子宫角细小，切口可稍偏后；腹腔内容物多时，切口稍偏向腹侧，空腹时切口可适当偏向背侧。即所谓"肥朝前、瘦朝后、饱朝内、饥朝外"。

　　【手术方法】术者右手持小挑刀，用拇指和食指控制刀刃的深度，切口与体轴方向平行，用刀垂直切透腹壁各层组织时，可感到刀下阻力突然消失，随之腹水从切口中涌出，停止运刀（图6-23）。在退出小挑刀时，将小挑刀旋转90°，以张开切口，子宫角随即自动涌出切口外。切透腹膜后若子宫角不能自动涌出，可将小挑刀柄伸入切口内，使刀柄钩端在腹腔内呈弧形划动，子宫角可随刀柄的划动而涌出切口外。

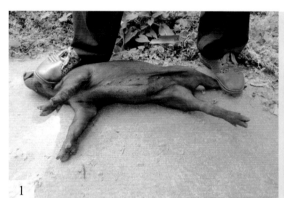
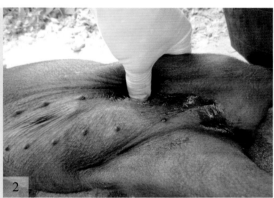
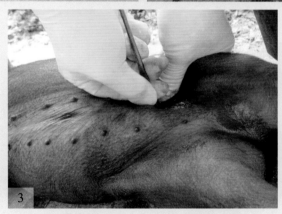

图6-23　母猪"小挑花"绝育术

1—保定；2—倒数1~2乳头之间下压腹壁；3—用小挑刀刺透腹壁

　　当部分子宫角涌出切口外后，左手拇指仍用力下压腹壁切口边缘，以兔子宫角缩回腹腔内。右手拇指、食指捏住部分子宫角，并用右手的拇指、中指和无名指背部下压腹壁，以替换下压腹壁切口的左手拇指。再用左手拇指、食指捏住子宫角，手指背部下压腹壁，两手交替地导出两侧子宫角、卵巢和部分子宫体。然后用手指钝性挫断子宫体后，两手抓住两侧子宫角、卵巢，撕断卵巢悬韧带，将子宫角、卵巢一同摘除。切口碘酊消毒，不缝合。

二、大挑花（单纯卵巢摘除术）

【适应证】适用于3月龄以上、体重在17kg以上的母猪。

【保定】右侧卧保定。术者位于猪的背侧，用右脚踩住猪颈部，助手将两肢向后下方伸直。大母猪应做台面保定。

【切口定位】较小或瘦弱的猪在肷部三角区中央切开。猪体较大或膘肥的猪，自髋结节向腹下做垂线，将垂线分成三等份，下1/3与中1/3交界处稍前方为术部。

【手术方法】术部皮肤做半月形切口，长3～4cm。经皮肤切口伸入左手食指，垂直地一次性钝性刺透腹肌和腹膜，或用刀柄先刺透一个破孔，然后再用食指扩大腹肌和腹膜切口。

术者左手中指、无名指和小指屈曲下压腹壁，食指经切口伸入腹腔内探查卵巢。卵巢一般在第二腰椎下方骨盆腔入口处的两旁（个别的猪卵巢在骨盆腔内），先探查上方卵巢，当食指指端触及卵巢后，用食指指端置卵巢于子宫角之间的卵巢固有韧带上。用食指指端将此韧带压迫在腹壁上，将卵巢沿腹壁移动至切口处，右手用大挑刀柄插入切口内，将钩端与左手食指指端相对应，钩取卵巢固有韧带，将卵巢拉出切口外（图6-24）。卵巢一旦引出切口外，术者左手食指迅速伸入切口内，堵住切口以防卵巢回缩腹腔内。左手中指、无名指和小手指屈曲下压腹壁的同时，食指越过直肠下方进入对侧腹腔探查另一个卵巢，同法取出卵巢。两侧卵巢都导出切口外后，对卵巢悬韧带用结扎法或止血钳捻转法除去卵巢。

图6-24 母猪"大挑花"绝育术

1—大挑花的切口位置；2—用食指探查子宫与卵巢并将其牵引至体外

当用上述方法不能触及对侧卵巢时，可先将引出腹壁切口外的卵巢经结扎后摘除，然后沿子宫角逐步导出子宫体和对侧的子宫角和卵巢。两侧卵巢都摘除后，术者食指伸入切口内将两侧子宫角进一步向腹腔内还纳，并确保切口内没有肠管、网膜等脏器，缝合腹壁切口。对腹膜、肌肉、皮肤进行全层连续缝合，个体较大的母猪腹壁切口应先缝合腹膜，再缝合肌肉和皮肤。

三、腹中线切开法

倒立或仰卧保定，前低后高。在倒数第1～2对乳头之间腹中线上向前切开（图6-25）。锐性切开皮肤、腹白线和腹膜，切口长4～5cm。个体较大的猪应适当向前延长切口。打开腹腔，食指及中指伸入腹腔内探查卵巢。2～3月龄的母猪一般在骨盆腔入口处膀胱的侧方找到子宫角，将其拉出切口外并导出卵巢，有时可直接探查到卵巢将其导出切口外。将两侧子宫角和卵巢经结扎后一并摘除。腹膜、腹白线和皮肤一同间断缝合。

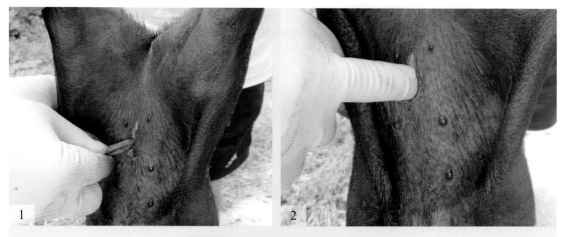

图6-25 母猪腹中线切开法绝育术

1—在倒数第1~2对乳头间的腹中线上切开腹底壁；2—用食指探查子宫与卵巢并将其牵引至体外

第五节　家畜剖腹产术

【适应证】在救治难产时，如果药物催产无效、无法牵引拉出胎儿、不能矫正胎儿或不宜施行截胎术，或者这些方法的效果不及剖腹产，则可采用此手术；尤其在胎儿还活着的情况下，多采用该手术。

【麻醉与保定】全身麻醉（浅麻醉）配合局部麻醉。右侧卧保定。

【切口定位】牛羊多用乳房与左（右）乳静脉的外侧5～8cm处平行乳静脉切口，其中以左侧切口较常用（图6-26）；若在手术台面上做手术，可用中线与左乳静脉之间切口；右侧切口，术中易发生小肠脱出。马的切口部位可在髋结节下方做自后上方至前下方的斜切口或腹中线左侧切口；右侧有盲肠，很少做右侧切口。猪多从乳房基部的背侧8～10cm处做一与乳房平行的切口；或在髋结节下方8～10cm处，从膝褶之前向下向前做一与腹内斜肌肌纤维方向一致的斜切口；切口长25～30cm。若胎儿干尸化，切口需要向后延伸，或选择右侧肷部后切口，切口方向与腹内斜肌肌纤维方向一致。

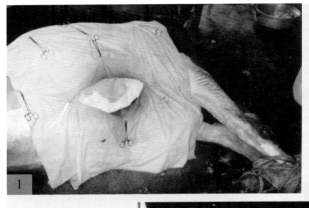
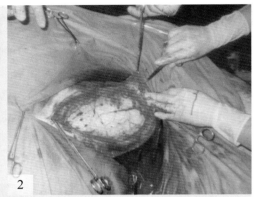
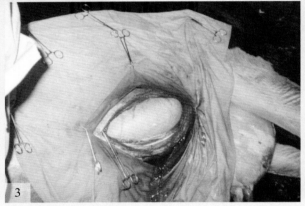

图6-26　牛乳静脉外侧平行乳静脉腹壁切开术

1—侧卧保定，术部隔离；2—显露腹黄筋膜；3—显露子宫

【手术方法】

①牛羊剖腹产：常规切开腹壁，向前推动瘤胃，若子宫上覆盖有大网膜，前推大网膜，暴露子宫。手可隔着子宫壁握住胎儿的肢体某部分(如后腿跗部、前腿的掌部等)与子宫孕角大弯的一部分一同拉至切口外。在子宫和切口之间用纱布做隔离。如果发生子宫捻转，则应先把子宫转正，然后再向外牵引。如果胎位异常，背部靠近切口，尽可能先把胎儿矫正为上位。沿着子宫角大弯，避开子叶，做一与腹壁切口等长的切口。先切透子宫壁，将子宫切口附近的胎膜剥离一部分，拉至切口外，然后切开胎膜，防止胎水流入腹腔。抓住胎儿的肢体，慢慢拉出胎儿并防止在胎儿拉出后子宫回到腹腔。拉出胎儿后，尽可能把胎衣完全剥离取出，但不要强剥（图6-27）。如果剥离出血多，应停止剥离，子宫中放入抗菌药，术后注射催产素（视频6-8）。

视频6-8

羊剖腹产术

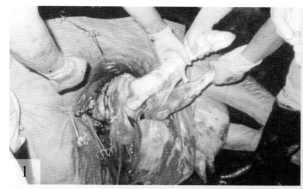
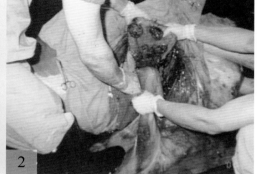

图6-27 取出胎儿

1—牵拉胎儿肢体；2—取出胎衣；3—显示体外保定方法与术部

    用剪刀剪除切口周围妨碍缝合的胎衣，用可吸收缝线连续内翻缝合子宫壁浆膜肌层，缝针仅穿透黏膜下层。用抗菌药生理盐水将暴露的子宫表面清洗干净，将子宫放回腹腔。常规闭合腹壁切口。

    ②猪剖腹产：常规切开腹壁（图6-28）。将一侧子宫角与子宫体交界处牵引至切口外，用大纱布垫在创缘周围将子宫与切口隔离。在子宫体腹侧中线或子宫角与子宫体交界处纵向切开子宫壁。猪胁部斜切口的切开与闭合术见视频6-9。

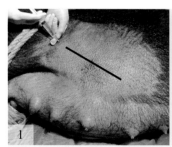
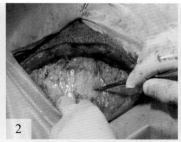
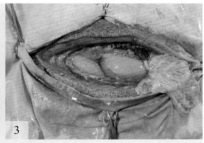

图6-28 猪腹侧壁切开方法

1—术部定位与准备；2—锐性切开腹壁各层组织，显露腹膜；3—切开腹膜，显露子宫角

首先取出子宫体内的胎儿，再将子宫角内的胎儿轻轻地挤向切口处，用手抓住它前置器官向外牵引。取出的胎儿，应迅速将羊膜撕破，并用止血钳夹住脐带，在离胎儿腹壁4～6cm处断脐。助手轻轻擦干鼻孔和口腔，或将头向下，轻轻摇晃新生仔畜，以清除其口、鼻腔内的黏液。每取出一个胎儿，应轻轻牵拉留下的脐带断端，取出胎盘。胎盘通常随新生仔畜一起排出，如果胎盘不能自主分离，应轻柔地从子宫上剥离。一侧子宫角内的胎儿取尽后，经同一切口再取出另一侧子宫角内的胎儿。在闭合子宫切口前，检查子宫内是否还有胎儿和胎盘。冲洗子宫外表面，除去组织碎片和血块，子宫腔内放置适量抗菌药。采用库兴氏或连续伦勃特氏浆膜肌层内翻缝合法闭合子宫壁（图6-29），缝线仅穿至黏膜下层，尽可能少包埋子宫壁。子宫壁缝合完毕，用温生理盐水冲洗子宫，将其还纳腹腔内，用大网膜覆盖子宫切口。常规闭合腹壁切口（图6-30，视频6-10）。

术后，注射催产素，抗菌药治疗7~10天；子宫腔内应用抗菌药。

图6-29 猪腹子宫的切开与缝合方法

1—在子宫角与子宫体交界处切开子宫壁；2、3—连续伦勃特氏缝合法缝合子宫壁

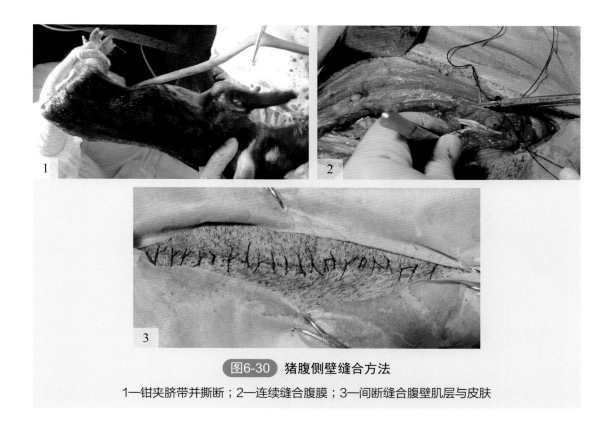

图6-30　猪腹侧壁缝合方法

1—钳夹脐带并撕断；2—连续缝合腹膜；3—间断缝合腹壁肌层与皮肤

第六节　阴道脱出整复固定术

【适应证】中度以上的阴道脱出或阴道黏膜水肿增生（图6-31）。

【麻醉与保定】全身麻醉配合荐尾或尾椎间隙硬膜外麻醉。俯卧或侧卧保定，前低后高。

【手术方法】用温防腐消毒液(如0.1%高锰酸钾溶液、0.1%新洁尔灭溶液等)清洗脱出的阴道黏膜，充分清除脱出阴道上的污物，除去坏死组织，伤口大时要进行缝合，并涂布抗菌药油膏。若黏膜水肿严重，可先用毛巾浸以2%明矾水或50%葡萄糖水进行冷敷，并适当压迫15～30分钟；或同时针刺、挤压水肿的黏膜，使水肿减轻，黏膜发皱。

先用消毒纱布将脱出的阴道托起，在病畜不努责时，用手将脱出的阴道向阴门内推送。推送时，手指不能分开，以防损伤阴道黏膜。待全部推入阴门后，再用拳头将阴道推回原位。推回后手臂在阴道内放置一段时间，使回复的阴道适应片刻。

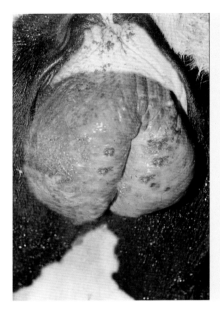

图6-31 牛阴道脱出

整复后，常采用缝合阴门法防止阴道再度脱出。用粗缝线在阴门上做2~3针间断纽扣缝合，猪、羊等动物也可用荷包缝合。奶牛，向后牵引阴唇，距阴门口3~5cm皮厚处一侧阴唇进针至对侧阴唇壁出针（图6-32），穿上一个橡胶垫，距出针孔1.5～2cm处再进针至对侧皮肤出针，再穿一橡胶垫，两线尾打结（图6-33）。用同样的方法再做一个纽扣缝合。阴门下三分之一不缝合，以免妨碍排尿。数天后病畜不再努责时，拆除缝线。对顽固性脱出者，可剖腹后在腹腔内将子宫体和阔韧带与腹壁缝合固定。

术后根据需要补液和使用镇静、止痛药；术后几天内用热敷减轻炎症反应和肿胀；术后5～7天检查阴道脱出部的恢复情况。

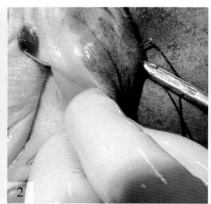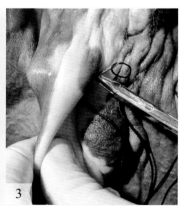

图6-32 阴门缝合的行针方法

1—将一侧阴唇尽量向后牵引；2、3—自阴唇的基部进针，针分别由阴唇的一侧至对侧穿出皮肤

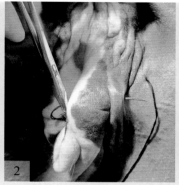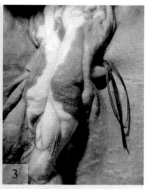

图6-33 阴门缝合固定的压垫安置方法

1、2—缝针穿过压垫后再自对侧穿回原侧；3—缝针穿过压垫后打结

第七节　子宫脱垂整复固定术

【适应证】子宫脱垂（图6-34）。

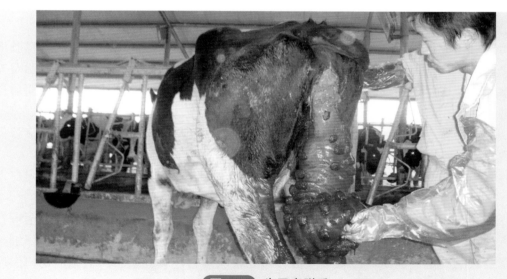

图6-34 牛子宫脱垂

【麻醉与保定】镇静、止痛，荐尾间硬膜外麻醉。站立保定、倒立保定或后躯垫高俯卧保定，在保定前，应先排空直肠内的粪便，防止整复时排便，污染子宫。

【手术方法】部分脱出时，用消毒液冲洗外阴、尾根区域、阴道和脱出的子宫，除去黏附的污物；局部涂布抗菌药软膏。然后，用手按压脱出的子宫，还纳复位。若阴道太深，子宫体积过大，整复困难时，可做会阴切开术。

牛羊子宫全脱出时，用灭菌湿布单或油布将脱出的子宫兜起，使它与阴门等高。对子宫、阴道清洗后涂布润滑剂（抗菌药软膏），自脱出的基部逐渐整复，最后还纳子宫角近心端。如果脱出组织损伤、撕裂，需要缝合后再整复。外部整复困难的，可以考虑剖腹探查，进行腹腔内整复。

猪脱出的子宫角很长，不易整复。如果脱出的时间短，或猪的体型大，可在脱出的一个子宫角尖端的凹陷内灌入生理盐水，并将手伸入其中，先把此角尖端送回阴道，然后再整复剩余部分；用同法处理另一侧子宫角。如果脱出时间久，子宫颈收缩，子宫壁变硬，或猪体型小，手无法伸入子宫角中，则自阴门口处开始整复子宫；或实施剖腹整复，边腹腔内牵拉，边体外推送。

子宫整复后注射催产素或麦角新碱，口服益母草，以促进子宫复原。子宫腔内灌入抗菌药。为了预防整复后子宫再次脱出阴门外，可做阴门缝合术（与上述阴道脱出的固定方法相似），待子宫复原、子宫颈闭锁后尽早拆除缝合线。术后注意观察有无子宫内翻的症状，内翻的动物频频努责。整复后子宫腔内灌注大量温生理盐水，可以预防或治疗子宫角内翻。

第八节　阴道直肠瘘修补术

阴道直肠瘘是阴道通过瘘管与直肠相通，排便时有粪便经阴道流出。阴道直肠瘘多为先天性的，且常伴发锁肛。后天性的多见于成年母畜在分娩过程中因胎儿蹄及其它突出部分损伤阴道顶壁和直肠腹侧壁，在阴道直肠之间形成一个通道，粪便随后自直肠进入阴道，由阴门排出。

【麻醉与保定】镇静、止痛，荐尾或尾间硬膜外麻醉（图6-35）。站立或俯卧保定，后躯垫高。

【切口定位】在会阴正中线，由阴门向后上方至肛门缘切开，或在肛门和阴户之间做一横切口。

【手术方法】切开皮肤，分离皮下组织，分离直肠与阴道之间的结缔组织至瘘管的前方为止。在阴道壁瘘管口周围行梭形切开，切除阴道壁上的陈旧瘘管口。仔细分离瘘管及直肠周围的组织，在直肠壁瘘管口处切除瘘管，对肠壁和阴道壁的切口做内翻缝合；放置引流橡胶片，然后缝合会阴部皮肤切口。

以奶牛为例，用手排空直肠蓄粪，用蘸湿的无刺激性的消毒剂棉拭子伸入直肠内，仔细地将直肠壁擦净，前方放置纱布块隔离粪便。在肛门和阴户之间做一长10~13cm的横切口，仔细地向前分离至直肠创口与阴道创口的前方5cm处（图6-36）。若为陈旧性损伤或有瘘管形成，应切除瘘管口。

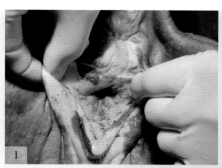
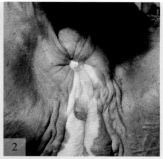
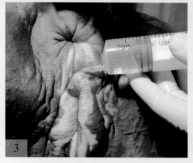

图6-35　阴道直肠瘘

1—阴道内有粪便蓄积；2—用浸有防腐剂的纱布块堵塞直肠前部；3—荐尾部脊髓麻醉配合局部浸润麻醉

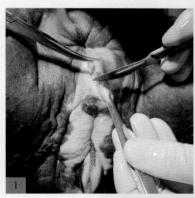
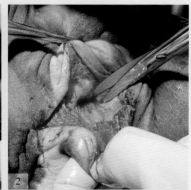
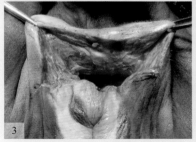

图6-36　阴道直肠瘘的分离手术

1—在肛门与阴门间皱襞切开皮肤；2、3—分离直肠与阴道间的结缔组织

　　用可吸收缝线内翻缝合直肠壁与阴道壁的伤口，缝针仅达黏膜下层，不穿透黏膜层。先缝合直肠壁，进针方向垂直于畜体的长轴；术者一只手在创腔或阴道腔内持针缝合直肠壁，另一只手应在直肠腔内小心地检查，勿使缝针穿透黏膜层；第一层缝合完毕后，抗菌药生理盐水冲洗创腔，第二层做几针间断缝合。直肠缝毕，开始缝合阴道壁，进针方向平行于畜体的长轴，缝合方法同直肠的缝合。如果阴道壁组织缺损较多难以缝合，可以不缝合。在阴道壁与直肠壁之间放置橡胶片引流，常规闭合皮肤切口。术后注射抗菌药，保持排便通畅，降低缝合部位的张力（图6-37）。

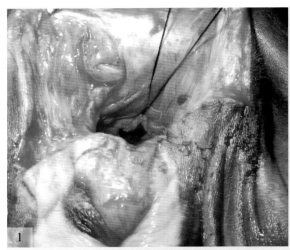
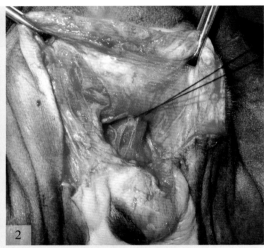

图6-37　阴道直肠瘘的修补方法

1—间断内翻缝合直肠壁的切口或破裂口；2—间断缝合阴道壁的切口或破裂口；3—在阴道与直肠间放置引流管，间断闭合结缔组织和皮肤的切口

第九节 牛羊乳房切除术

【适应证】乳房化脓坏死或坏疽，乳腺放线菌病等。

【解剖特点】牛每侧乳房由前后两叶组成，每叶有一个乳头；左右乳房由悬韧带隔开。乳房皮下为一层由腹浅筋膜延续而来的乳房浅筋膜，在其下方还有一层深筋膜，紧裹于腺体部分。乳房的实质为乳腺，包括腺泡和输乳管。每一叶内的腺泡和输乳管都自成系统而不与邻叶相通。由许多腺泡及其小导管（排乳管）汇成中等导管（乳管），再合成大导管（输乳管或乳道），最后汇入每一叶乳房的乳池（图6-38）。乳池是输乳管的扩大部，也是乳汁的贮库，分为上部的乳腺乳池和下部的乳头乳池，两者之间的界限位于乳头基部内的环状皱襞。乳头乳池末端有一乳头管与外界相通，乳头管与乳头管口的周围有环状的乳头管括约肌。

乳房的主要动脉来自阴部外动脉及会阴动脉，前者经腹股沟管到达乳房基部，称为乳房底动脉，入乳房后分为乳房前、后动脉。自每条动脉干分出大量较细的分支，分布到乳腺实质中。自乳房输出的静脉主要有三对，即腹皮下静脉、阴部外静脉及会阴静脉。

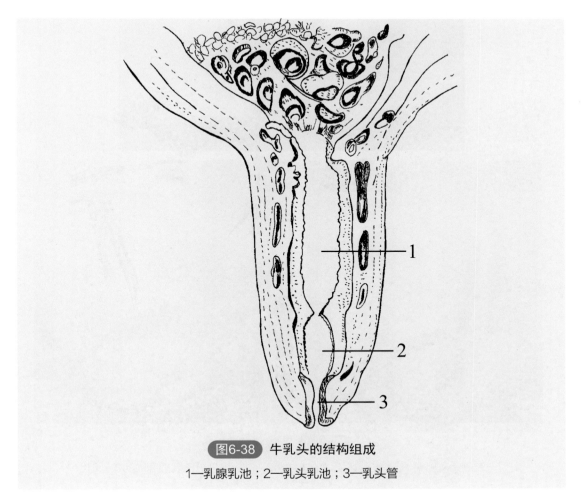

图6-38 牛乳头的结构组成

1—乳腺乳池；2—乳头乳池；3—乳头管

【麻醉与保定】全身麻醉配合局部浸润麻醉。部分乳腺切除时，动物侧卧保定，患侧在上；全切除时，动物仰卧保定。

【手术方法】从乳房的前方正中线向乳房后上缘切开皮肤并延伸至股内侧，钝性分离包在乳腺外侧的筋膜直至腹股沟。此处可触到乳房动脉的搏动。对乳房动脉、静脉做双重结扎，间距为3～4cm，于结扎线的远心端钳夹并在止血钳与结扎线之间剪断脉管。然后，钝性分离乳腺与腹筋膜间结缔组织，直至其基底部。分离腹皮下静脉，并将其双重结扎、切断。最后，靠近腹底壁切断悬吊乳腺的韧带。这样一侧乳腺即被切除（图6-39）。

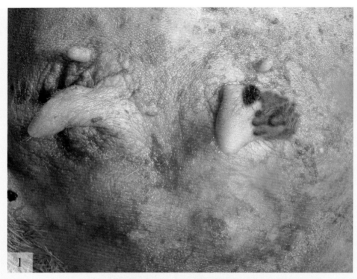

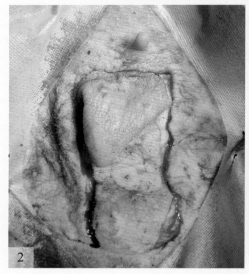
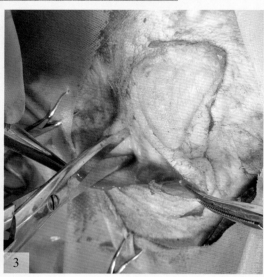

图6-39　乳腺摘除术

1—左侧病变乳头；2—乳腺切除术的皮肤切口；3—钝性分离乳腺周围的疏松组织

　　若做全乳腺摘除，按同样方法切除另一侧的乳腺。充分止血，对合皮肤创缘做结节缝合（图6-40）。在术部最低部位留排液孔或放置引流管。术后保持地面和腹底壁干燥，10~12天后拆除皮肤缝线。

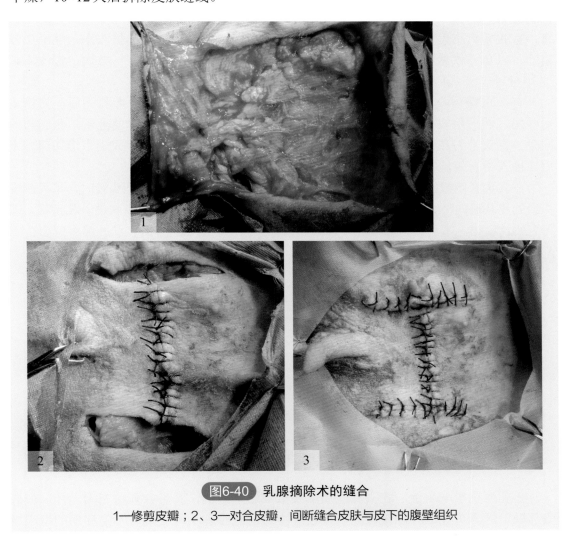

图6-40　乳腺摘除术的缝合

1—修剪皮瓣；2、3—对合皮瓣，间断缝合皮肤与皮下的腹壁组织

第十节　牛乳头和乳池狭窄与闭锁的治疗手术

　　【适应证】乳头管、乳池损伤（挤奶不良或踏伤），引起慢性炎症、结缔组织增生、瘢痕收缩，乳头括约肌、乳池先天性或获得性肥大或新生物等导致乳头管、乳池狭窄或闭锁，均可用手术纠正。

　　【麻醉与保定】乳头基部做环形浸润麻醉，乳头乳池内注入2％利多卡因5～10mL。柱栏内保定，或侧卧保定。

【手术方法】

①乳头管狭窄或闭锁：手术目的是使乳头括约肌的张力松弛或将瘢痕组织切开（图6-41）。括约肌肥厚或收缩过紧时，选用不同规格的扩张塞（可用金属、塑料等材料制成），强行扩大乳头管。乳头清洗消毒后，插入涂抹石蜡油或抗菌药油膏的扩张塞，扩张塞大小以紧密塞入乳头管不滑脱为宜。一般最初用较细的扩张塞，逐渐用较粗的，以免一次塞得过紧而压伤黏膜或使括约肌断裂。每天扩张1～2次，每次不超过30分钟。

有严重瘢痕收缩的病例，可施行乳头管切开术（图6-41）。消毒乳头后，先挤去一些奶，然后用双刃或多刃乳头管刀，快速插入乳头管，通过挤奶使乳管扩张。与此同时，乳头管刀在乳头管内转动90°后拔出乳头管刀，使乳头管形成十字形切口。术后，插入带有螺丝帽的乳导管或乳头管扩张塞，直至创口痊愈为止。

在乳头管闭锁的病例，如闭锁仅限于乳头末端，当挤压乳汁到乳头管时，可见到乳头口处皮肤略向外突出。用烧红的金属丝或大头针对准乳头口穿通皮肤进入乳头管，即可有奶汁溢出。术后，须插入乳导管或乳头管扩张塞，防止新开的皮肤孔缩小或愈合。

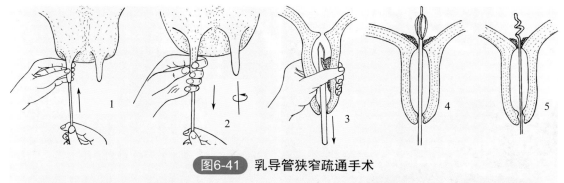

图6-41 乳导管狭窄疏通手术

1—插入手术器械；2—下拉或旋转手术器械；3—凸刃刀切割病变组织；4—球形刀切割病变组织；
5—螺旋刀切割病变组织

②乳池狭窄与闭锁：乳头乳池局部狭窄或堵塞病例，其患叶乳房充满乳汁，但病变部以下的乳头乳池只能缓慢充满或表现空虚，触诊乳头可发现有不能移动的组织增厚。用探针或乳导管探诊也可感到增厚部或阻塞部。可小心插入冠状刀或乳头锐匙，将增厚病灶或堵塞的息肉切碎取出。术后，插入乳头管扩张器和注入抗菌药。

对于大的病灶，有时需要在干乳期做乳头乳池切开手术，黏膜与皮肤单独缝合。如整个乳头乳池狭窄或闭锁，可见整个乳头壁变硬变厚，触诊感到乳头内有索状物，手术治疗难以收效。

乳头基部堵塞或称膜状阻塞，通常是干乳期由环形皱襞慢性炎症所致。虽然乳房乳池有波动，但乳头乳池不能充满。用探针小心地插入乳头管，通过粘连的环形皱襞中央穿破阻塞膜。然后，拔出探针，将双刃隐刃刀伸入已破的阻塞膜孔，按不同方向扩大膜的切口。在创伤愈合前，停止挤奶，保持乳腺乳池与乳头乳池中的充满乳汁，防止黏膜粘连。

第七章 四肢疾病手术

第一节 关节扭伤

关节扭伤是关节突然受到间接的机械外力作用，使其超越了生理活动范围，瞬间的过度伸展、屈曲或扭转而发生的关节损伤。大动物常发生于系关节（球节）和冠关节，其次是肩关节、髋关节、膝关节。

【病因】马，常由于在不平道路上的重剧使役，急转、急停、失足登空、嵌夹于穴洞的急速拔腿、跳跃障碍、装蹄失宜等；牛，除上述原因外还有误踏深坑或深沟、跳沟扭闪（跨越沟渠）、跌倒等。常损伤侧韧带或同时损伤关节囊及骨组织，韧带损伤多发生于骨附着部，纤维发生断裂。

【症状与诊断】临床上表现为疼痛、跛行、肿胀、温热和骨质增生等症状。原发性疼痛，受伤后立即出现疼痛，他动运动疼痛反应明显，受伤韧带紧张时立即出现疼痛反应，甚至拒绝检查。当做他动运动检查时，若关节的可动程度远远超过正常活动范围，则可能是关节侧韧带断裂和关节囊破裂。病畜在站立时，患肢屈曲以蹄尖着地，免负体重。

【治疗】制止出血和炎症发展，促进吸收，镇痛消炎、预防组织增生，恢复关节机能。

在伤后12小时内，为了制止关节出血和渗出，进行冷疗、封闭疗法和包扎压迫绷带（图7-1）。待急性炎性渗出减轻后（伤后48~72小时），使用温热疗法、刺激疗法，促进炎性产物消散吸收。

对转为慢性经过的病例，患部可涂擦碘樟脑醚合剂（处方：碘20g，95％酒精100mL，乙醚60mL，精制樟脑20g，薄荷脑3g，蓖麻油25mL），每天涂擦5 ～ 10分钟，涂药的同时进行局部按摩，连续处理3 ～ 5天。

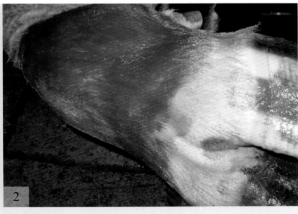

图7-1

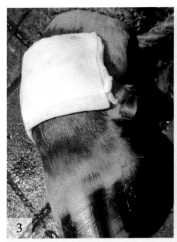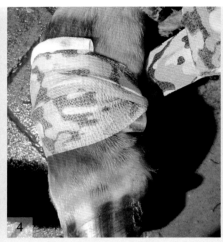

图7-1 牛后肢球节扭伤的治疗

1—球节肿胀；2—局部涂擦2%碘酊；3—外敷药膏；4、5—弹性压迫绷带

第二节　关节透创

关节透创是关节自皮肤到关节囊的开放性损伤，关节腔与外界相通，有时并发软骨和骨的损伤。多发生于趾关节和腕关节，有时发生于肩关节和膝关节。

【病因】锐利物体的致伤，如刀、叉、枪弹、铁丝、铁条、犁铧等所引起刺创、枪创等。

【症状与诊断】关节皮肤破裂或缺损、出血、疼痛、肿胀。有时同时损伤腱、腱鞘或黏液囊，并流出黏液。严重的，可从伤口流出黏稠透明、淡黄色的关节滑液，有时混有血液或由纤维素形成的絮状物。活动性较大的关节，滑液常持续流出；关节囊伤口小，伤后组织肿胀压迫伤口，或纤维素块堵塞伤口，多在关节运动屈曲时流出滑液。诊断时自伤口对侧向关节内注入带色消毒液，自关节囊伤口流出药液，也可做关节腔充气造影X光检查。如伤后关节囊伤口长期不闭合，常发展为化脓性关节炎。

【治疗】防治感染，及时处理封闭关节囊的伤口。常规创伤处理，对新创彻底清理伤口，切除坏死组织和异物及游离软骨和骨片（图7-2），由伤口的对侧做关节腔穿刺注入防腐剂，洗净关节创，禁忌由伤口向关节腔冲洗，以防止污染关节腔。在洗净关节腔后，用可吸收人工合成缝线缝合关节囊。缝针不穿透滑膜层，常规闭合皮肤与皮下组织（图7-3）。消毒后包扎伤口，并包扎关节固定绷带（图7-4）。或闭合关节囊后其它软组织不缝合，包扎伤口和关节固定绷带。如伤口被凝血块堵塞，滑液停止流出，关节腔内尚无感染征兆时，此时保留血凝块，按照污染创进行处理。

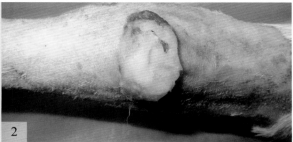

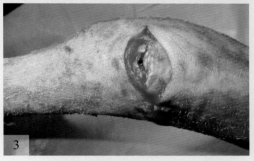

图7-2　腕关节透创的清创方法

1—腕关节透创；2—灭菌棉球保护创面，清理创围；3—清理创面

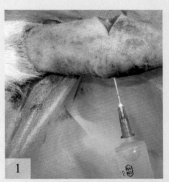

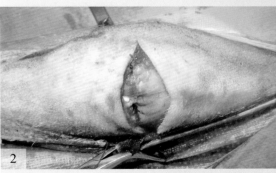
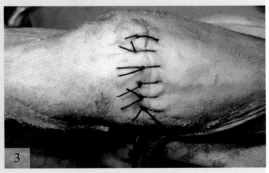

图7-3　腕关节透创的清洗与缝合方法

1—自伤口对侧将针头刺入关节腔，冲洗关节腔与创面；2—间断缝合关节囊，缝针不穿透滑膜；3—间断缝合皮下组织与皮肤

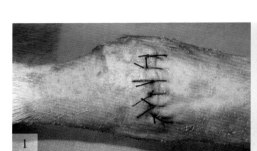
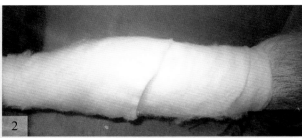
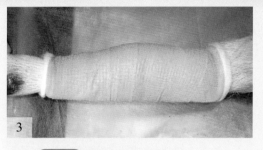

图7-4　腕关节透创的包扎方法

1—彻底消毒腕关节部；2—安置灭菌棉花层；3—安置弹力压迫绷带

对已发生感染化脓的病例，清净伤口，除去坏死组织，用防腐剂穿刺洗涤关节腔，清除异物、坏死组织，用抗菌药软膏敷盖伤口，绷带包扎，不缝合伤口。

为改善局部的新陈代谢，促进伤口早期愈合，可应用温热疗法。

第三节　关节滑膜炎

滑膜炎是以关节囊滑膜层的病理变化为主的渗出性炎症，常发于马，牛、猪、羊也有发生。按渗出物性质可分为浆液性、纤维素性、化脓性滑膜炎。

一、浆液性滑膜炎

浆液性滑膜炎是不并发关节软骨损害的关节滑膜炎症。临床上常见的有马、牛的肩关节、系关节、膝关节及跗关节的急性和慢性滑膜炎。

【病因】主要是损伤，如关节的扭伤、挫伤和关节脱位都能并发滑膜炎；幼龄马过早地使役，马、牛在不平道路、半山区、山区或低湿地带挽曳重车，肢势不正、装蹄不良及关节软弱等易发生损伤；也见于某些传染病（如流行性感冒、马腺疫、布鲁氏菌病等）、急性风湿病等。

【症状与诊断】

急性浆液性滑膜炎，关节腔积聚大量浆液性炎性渗出物，患关节肿大、热痛，指压关节憩室突出部位，明显波动（图7-5）。他动运动患关节明显疼痛。站立时患关节屈曲，免负体重。两肢同时发病时交替负重。运动时，表现以支跛为主的混合跛。一般无全身反应。

慢性浆液性滑膜炎，关节腔蓄积大量渗出物，关节囊高度膨大（关节积液）。触诊只有波动，无热痛。一般病例无明显跛行，但在运动时患关节活动不灵；如积液过多，可引起轻度跛行。

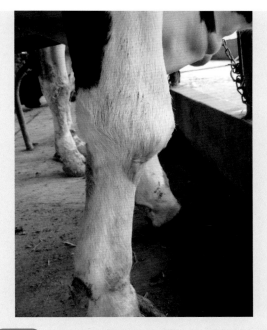

图7-5　关节浆液性滑膜炎（腕关节液性肿胀）

【治疗】制止渗出、促进吸收、排出积液、恢复功能。

急性浆液性滑膜炎时，可用0.5％利多卡因青霉素地塞米松溶液15～25mL对患关节腔注射。病初可用冷疗法，包扎压迫绷带，安装制动绷带。急性炎症缓和后，可用温热疗法、刺激疗法。

对慢性滑膜炎，可用温热疗法和刺激疗法。关节积液过多时，可穿刺抽液，同时向关节腔注入盐酸利多卡因青霉素地塞米松溶液，包扎压迫绷带。

二、化脓性滑膜炎

化脓性滑膜炎是关节化脓性炎症的初发阶段，化脓感染仅局限于关节滑膜层。若病情不断发展，可能感染侵害关节纤维层和韧带（化脓性关节囊炎）、软骨和骺端（化脓性全关节炎），或引起全身化脓性感染。

【病因】主要是化脓菌引起的关节内感染，多为葡萄球菌、链球菌、大肠杆菌、

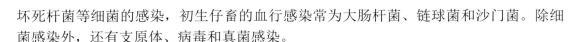

坏死杆菌等细菌的感染，初生仔畜的血行感染常为大肠杆菌、链球菌和沙门菌。除细菌感染外，还有支原体、病毒和真菌感染。

【症状与诊断】

化脓性滑膜炎比浆液性滑膜炎的症状剧烈，并有明显的全身反应，体温升高，精神沉郁，食欲减退或废绝。患关节热痛、肿胀，关节囊高度紧张（图7-6）。站立时患肢屈曲，运动时呈混合跛行，严重病例，大动物常卧地不起，穿刺检查见有大量致病菌或病原体。

继发化脓性关节囊炎时，在关节软组织中形成脓肿或蜂窝织炎。患部显著肿胀，关节外形展平，发热，疼痛。病畜高度跛行，患肢不能负重。

继发化脓性全关节炎时，关节的所有组织，如滑膜层、关节囊、软骨、骺端及关节周围组织都发生炎症，并发关节周围炎。

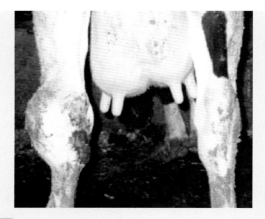

图7-6　关节化脓性滑膜炎（跗关节肿胀，皮肤破溃）

【治疗】早期控制与消除感染，排出脓液，提高机体抗感染能力。

原发性关节创伤，按关节创伤处理。根据滑液检查结果，全身大剂量应用敏感抗菌药。穿刺排出脓液，然后用0.5%盐酸利多卡因抗菌药溶液清洗至流出液透明为止，再向关节内注入0.5%利多卡因抗菌药地塞米松溶液，患关节包扎制动绷带。

关节周围脓肿、蜂窝织炎时，切开后按化脓创处理。

第四节　骨折

骨折是指骨或软骨的连续性或完整性发生部分或完全破坏，以骨（肢体）变形、骨摩擦音、异常活动为特征。X线检查可见骨折线和骨碎片，适用于骨折的确诊，特别是对复杂骨折与不完全骨折的诊断，具有重要价值（图7-7）。

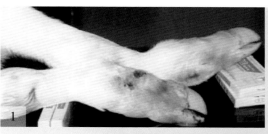

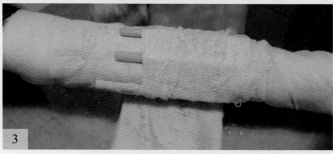

图7-7 骨折

1—双侧掌骨远端骨折，肢体变形；2—骨折的X光影像，骨连续性中断，断端错位；3—石膏夹板绷带外固定

一、骨折的整复

骨折整复复位是使移位的骨折端重新对位，重建骨的支架作用。时间要越早越好，力求做到一次整复正确。复位时需要无痛和局部肌肉松弛。一般应在侧卧保定下，全身麻醉，必要时配合使用肌肉松弛剂。

①闭合复位。整复前使病肢保持伸直状态。轻度移位时，可由助手将病肢远端适当牵引，术者对骨折部托压、挤按，使断端对齐、对正；若骨折部肌肉强大，断端重叠而整复困难时，可在骨折线两侧各系一绳进行牵引。按"欲合先离，离而复合"的原则，先轻后重，沿着肢体纵轴做对抗牵引，然后使骨折的远侧端凑合到近侧端，以矫正成角、旋转、侧方移位等畸形，力求达到骨折前的状态。复位是否正确，可以根据肢体外形，抚摸骨折部轮廓，在相同的肢势下，按解剖位置与对侧健肢对比，观察移位是否已得到矫正。有条件的，用X线拍片判定。在兽医临床中，粉碎性骨折和肢体上部的骨折，在较多的情况下只能达到功能复位，即矫正重叠、成角、旋转，有的病例骨折端对位即使不足1/2，只要两肢长短基本相等，肢轴姿势端正，角度无明显改变，大多数病畜经较长一段时间后，可逐步恢复一般功能。

②开放复位。适合粉碎性骨折或需要做内固定的骨折复位。不同的解剖部位和不同的骨折类型，其整复技术不同，但都必须在眼直视下进行。整复操作的基本原则是，要求术者熟知病部的局部解剖，操作时要求尽量减少软组织的损伤（如骨膜的剥离、软组织和骨的分离、血管和神经损伤等）。按照规程稳步操作，更要严防组织的感染。整

复操作包括利用某些器械发挥杠杆作用，如骨刀、拉钩柄或刀柄等，借以增加整复的力量；利用抓骨钳直接作用于骨片上，使其复位；将力直接加在骨片上，向相反方向牵拉和矫正、转动，使骨片复位等。重叠骨折的整复较为困难，特别是受伤若干天后，肌肉发生挛缩，或组织出现增生，需要有良好的肌肉松弛或做组织分离后方能整复。

二、骨折外固定

整复的骨折片在骨愈合期间，要限制活动，进行外固定，使病畜疼痛减轻，预防骨折片再次移位或形成角度。外固定是常用于家畜骨折的固定方法，但骨折固定时应尽可能让肢体关节尚能有一定范围的活动，不妨碍肌肉的纵向收缩。肢体合理的功能活动，有利于局部血液循环的恢复和骨折端对向挤压、密接、愈合。长时间限制关节活动，易产生纤维化、软组织萎缩、关节僵硬等副作用。所以，限制关节活动的病畜，应尽早开始活动。外固定的方法有多种，如硬化绷带（石膏绷带、聚丙烯绷带或玻璃纤维绷带）、夹板绷带、石膏夹板绷带（图7-7）、改良式托马斯夹板绷带等，常用于肘关节或膝关节以下的闭合性骨折、开放性骨折及与内固定联合应用，详见夹板绷带、硬化绷带的安装方法。

第五节　　肌腱手术

一、膝内侧直韧带切断术

【适应证】治疗马、牛习惯性膝盖骨（髌骨）上方脱位。

【解剖特点】膝关节包括股膝关节和股胫关节。股膝关节由股骨滑车与膝盖骨的关节面组成，滑车面为两个微倾斜的嵴，嵴间有一宽的深沟；内侧嵴较大，上部宽而圆，外侧嵴狭窄。股胫关节由股骨髁、胫骨近端与两骨之间的半月状板组成。在膝关节囊外有膝外侧韧带和膝内侧韧带，在膝盖骨与胫骨嵴之间，有三个很强的膝内、中、外直韧带，分别止于胫骨嵴。

【麻醉与保定】镇静、止痛，配合局部浸润麻醉。一般采用侧卧保定，患肢在下。

【手术方法】自胫骨嵴正中做一直线，中线的内外侧约2cm处即为内外侧直韧带。膝盖骨处于脱位状态时，内侧直韧带高度紧张，易定位。在膝内直韧带下端的皮肤上（在膝中直韧带的内侧缘，靠近韧带的止点胫骨嵴处）做4~6cm的皮肤切口（图7-8）。分离浅筋膜、阔筋膜、缝匠肌和股薄肌的筋膜，显露内侧直韧带；用弯止血钳紧贴该韧带的边缘刺入韧带下方，做少许钝性分离，用剪刀或手术刀切断内侧直韧带。助手屈伸膝关节，确定髌骨上方脱位解除（视频7-1）。

术后牵遛有利于控制局部肿胀，马至少牵遛2周，最好达到4～6周。

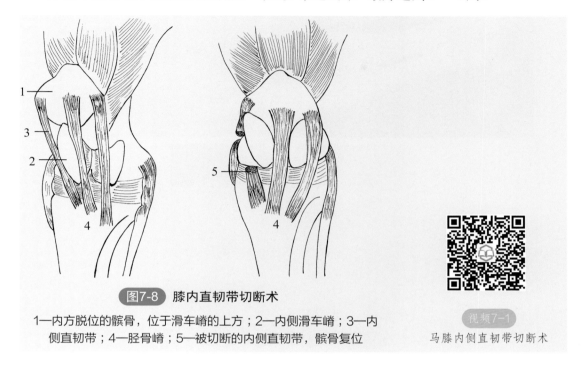

图7-8 膝内直韧带切断术

1—内方脱位的髌骨，位于滑车嵴的上方；2—内侧滑车嵴；3—内侧直韧带；4—胫骨嵴；5—被切断的内侧直韧带，髌骨复位

视频7-1
马膝内侧直韧带切断术

二、浅屈肌腱切断术

【适应证】指浅屈肌腱切断术是治疗因屈肌腱挛缩导致球节（掌指关节）屈曲变形的一种方法。本手术同样适用于后肢的趾浅屈肌腱切断。

【解剖特点】指浅屈肌包括臂骨头和桡骨头，起于臂骨内上髁和桡骨掌侧面中下方靠近内侧缘，止于第一指节骨远端和第二指节骨近端。桡骨头在近腕骨处与上翼状韧带腱汇合，形成一强腱，与指深屈肌腱一同包被于腕滑膜鞘内。腕滑膜鞘起于腕骨上方8~10cm处，向下延伸至掌骨中部。指浅屈肌腱腱在第一指节骨（系骨）远端分为左右两支，分别止于系骨和冠骨两侧。

【麻醉和保定】全身麻醉配合掌神经传导麻醉。侧卧保定，患肢在上。

【切口定位】在掌内侧或外侧的掌沟内做皮肤切开。

【手术方法】在掌中部、浅屈肌腱和深屈肌腱之间的界线上，做一2~3cm的皮肤切口，用止血钳分离皮下组织，暴露屈肌腱（图7-9）。用弯止血钳分离浅、深屈肌腱，在止血钳保护下用切腱刀或手术刀把指浅屈肌腱切断（视频7-2）。间断缝合皮肤切口（图7-10）。

视频7-2
马指浅屈肌腱切断术

术后掌部打弹力绷带。用止痛药和消炎药，注射抗菌药3~5天。10～12天拆除绷带。

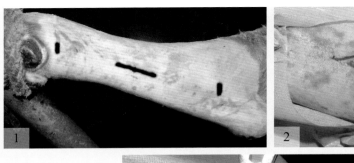

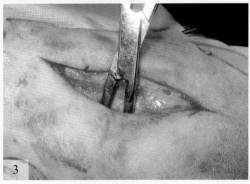

图7-9 趾浅屈肌腱的分离方法

1—切口定位；2—切开皮肤与皮下组织；3—钝性分离趾浅屈肌腱

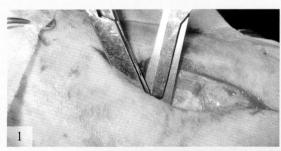
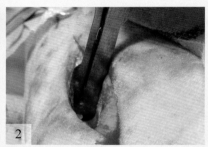
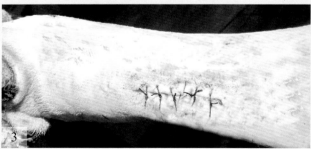

图7-10 趾浅屈肌腱的切断方法

1—沿止血钳平行伸入手术刀片；2—抽出止血钳，手术刀旋转90°，缓缓切断趾浅屈肌腱；3—间断缝合皮肤

三、深屈肌腱副头切断术

【适应证】适应于由于指(趾)深屈肌腱的挛缩而引起的指(趾)屈曲变形。本手术同样适用于后肢的深屈肌腱切断。

【解剖特点】指深屈肌的肌质位于桡骨后面，包括臂骨头、尺骨头和桡骨头，分别起于臂骨内上髁、肘突内侧面和桡骨中部的后面，止于第三指节骨远端的后面（屈腱面）。三个头的腱质在腕骨上方合并为一总腱下行。下行至掌骨中部时接以强纤维韧带下翼状韧带（腕关节后韧带），下翼状韧带被称为指深屈肌腱的腱副头，也称为腕骨头。下翼状韧带近端位于左右小掌骨之间的间隙内，前邻悬韧带，后为腕鞘的深层所覆盖。

【麻醉与保定】全身麻醉配合掌神经传导或局部浸润麻醉。侧卧保定，患肢在上。

【切口定位】在掌内侧或外侧的掌沟内做皮肤切开，注意避开指总动脉(跖背侧动脉)。掌沟的前方为掌骨和悬韧带，后方为指浅屈肌和指深屈肌的边缘。

【手术方法】在掌(跖)骨近1/4处的掌沟内向远端做5~6cm长的皮肤切口，钝性分离皮下组织（图7-11）。暴露屈肌腱，在深屈肌腱和下翼状韧带之间分离，并将止血钳插入两者之间作为支架，用刀切断下翼状韧带（图7-12）。尽可能向远端分离屈肌腱与下翼状韧带的结合处，以防破坏腕管的滑膜鞘。运刀时将蹄充分伸展，当下翼状韧带的两断端分离时表明韧带被完全切断。闭合时，腱旁的肌膜用可吸收缝线做间断缝合。常规缝合皮肤。

术后，掌部打弹力绷带。用止痛药和消炎药，注射3~5天抗菌药。

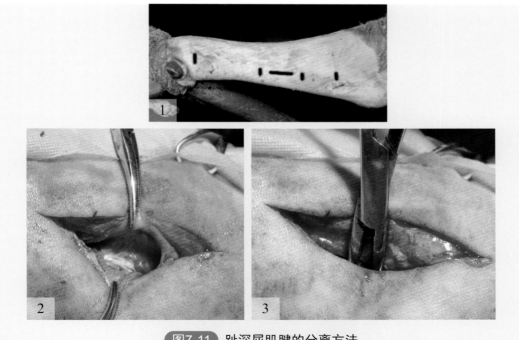

图7-11 趾深屈肌腱的分离方法

1—切口定位；2、3—切开皮肤与皮下组织，钝性分离趾深屈肌腱

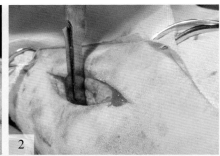

图7-12 趾深屈肌腱的切断方法

1—沿止血钳平行伸入手术刀片；2—抽出止血钳，手术刀旋转90°，缓缓切断趾深屈肌腱；3—间断缝合皮肤

四、屈肌腱断裂修补术

屈肌腱断裂是指(趾)浅屈肌腱、指(趾)深屈肌腱所发生的开放性和非开放性断裂，多由外伤引起。

【症状与诊断】指（趾）深屈肌腱断裂，多发生于蹄骨的附着点（图7-13）。开放性断裂多在掌部或系凹部。完全断裂时，突然呈现支跛，站立时以蹄踵或蹄球着地，蹄底向前，蹄尖翘起，系骨呈水平位置。运动时，患肢蹄摆动，以蹄踵或蹄球着地，球节高度背屈、下沉。如果与指（趾）浅屈肌腱同时发生断裂，蹄尖的翘起更明显。

图7-13 奶牛趾深屈肌腱断裂（蹄球部负重，蹄尖翘起）

指（趾）浅屈肌腱完全断裂时，突发支跛，站立时，以蹄尖着地减免负重。运动时，患肢着地负重的瞬间球节显著下沉，蹄尖稍离地面翘起。触诊冠骨上端两侧腱的附着点或球节上方的掌后侧，可摸到腱的断痕，患部疼痛性肿胀、温热。

【治疗】腱断裂的治疗，关键在于固定。只有在充分固定的基础上，腱的断端紧密结合，才能为愈合创造条件，否则预后不良。经彻底外科处理后，常用粗的不可吸收缝线或特制金属丝实施腱缝合术，缝合方法有皮外和皮内缝合两种。

①皮外缝合应在充分剃毛消毒的基础上，使用粗的缝线，从腱的侧面进针，将两断端拉近打结固定，使断端靠近，然后包扎绷带。

②创内（皮内）缝合法，是分离腱断端，对断端用粗线（18号线）做双交叉纽扣缝合（图7-14、图7-15）。常规闭合皮肤创口，然后包扎绷带。或可先实行皮外缝合，再行皮内缝合，以提高愈合效果。

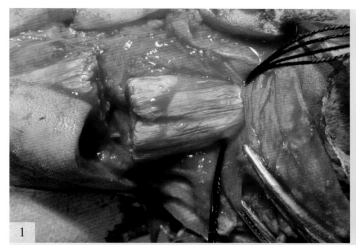
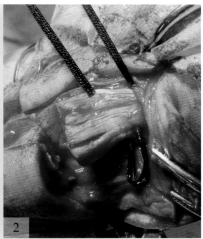

图7-14 牛屈肌腱吻合的穿针方法

1—四股粗丝线横向垂直穿过屈肌腱；2——线尾穿至对侧；3——线尾穿至对侧后

图7-15 牛趾浅屈肌腱的吻合方法

1—同时将3~4根多股粗丝线穿过屈肌腱；2—抽紧缝线，同侧的线尾互相打结；3—两侧的线尾分别打结

第六节 奶牛腕前皮下黏液囊炎

腕前皮下黏液囊炎多为一侧性的，有时两侧同时发病。

【病因】地面坚硬而粗糙，牛床不平，垫草不足或不给垫草，当牛起卧时腕关节前面反复遭受挫伤；使役牛在不平的硬地上发生猝跌，亦可导致腕前皮下黏液囊炎。布鲁氏菌病可并发或继发腕前皮下黏液囊炎。

【症状与诊断】病畜腕关节前面发生局限性、带有波动性的隆起，逐渐增大，无痛无热，时日较久，患病皮肤被毛卷缩，皮下组织肥厚。牛的腕前膨大可增至排球大小，脱毛的皮肤胼胝化，上皮角化，呈鳞片状（图7-16）。如有化脓菌侵入，则形成化脓性黏液囊炎。

应注意与腕关节滑膜炎和腕桡侧伸肌腱鞘炎鉴别诊断。黏液囊炎肿胀位于腕关节前面略下方；腕关节滑膜炎时，肿大主要位于腕关节的上方及侧方；腕桡侧伸肌腱鞘炎时，呈纵行的分节肿胀。急性滑膜炎及腱鞘炎，病肢常跛行显著；浆液性黏液囊炎，通常无跛行，或跛行轻微。

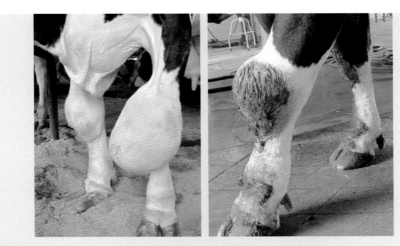

图7-16　奶牛腕前皮下黏液囊炎（侧面观与前面观，球状、有波动的肿胀，无热无痛）

【治疗】穿刺放液后注入适量的复方碘溶液或可的松与抗菌药。局部装置压迫绷带。

对特大的腕前皮下黏液囊炎，可实行手术切开或摘除。在肿胀处的内侧或外侧做切口（图7-17），将黏液囊整体剥离，结节缝合手术创口。尽量保留皮肤，对皮肤皱褶一侧，装置压迫绷带（图7-18）。

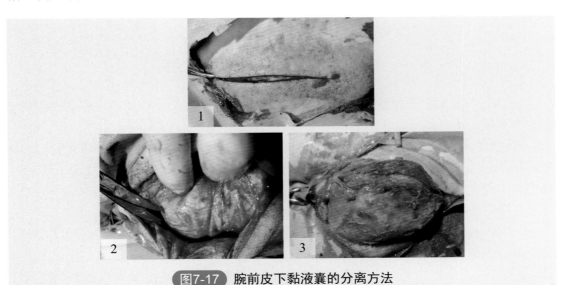

图7-17　腕前皮下黏液囊的分离方法

1—在腕关节的外侧做皮肤与皮下组织切开；2—用剪刀分离黏液囊周围的组织；3—被游离的黏液囊

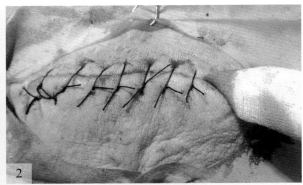
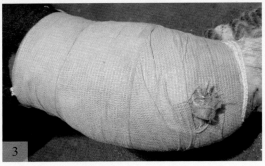

图7-18 腕前皮下黏液囊摘除后的处理方法

1—清理创伤，充分止血；2—放置纱布条引流；3—安装弹力压迫绷带，外露引流条

第七节　奶牛蹄病

一、指（趾）间蜂窝织炎（腐蹄病）

趾（指）间蜂窝织炎是趾（指）间及其周围软组织的急性化脓性炎症。感染达趾间皮肤的真皮层，并自此向深部扩散，引起奶牛一肢或多肢跛行。

【病因】可能为坏死梭杆菌感染或与产黑色素拟杆菌混合感染。在雨季或放牧季节可在某些牛场流行。创伤（例如在有植物残茬的草场放牧、草场通道上有石子或草场上有尖锐的石片、运动场上有异物导致刺伤）和潮湿（例如泥泞地段或雨季稀泥、粪尿浸渍）使得厌氧菌易于进入趾（指）间的皮肤繁殖、生长与致病。

【症状与诊断】病初轻度跛行，系部球节屈曲，以蹄尖轻轻着地，随后跛行加重，出现患肢免负体重或卧地不起。病蹄趾（指）间背侧及蹄冠带的软组织红肿、疼痛明显（图7-19）。在某些病例，软组织的肿胀可延至系部，尤其是掌侧或跖侧，皮肤上出现小裂口、溃疡和伪膜，有恶臭味；严重的病例，出现趾（指）间组织腐败剥脱，坏死达深部组织时可发生蹄匣脱落。病牛体温升高，食欲下降，反刍、泌乳减少。

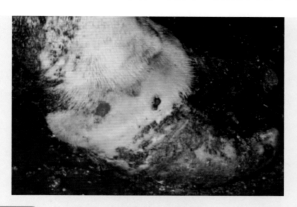

图7-19　趾(指)间蜂窝织炎（蹄冠部肿胀，皮肤破溃）

【治疗】根据病的严重程度，可施行局部治疗、全身治疗或二者联合应用。早期较小的病灶，清洗，去除指（趾）间的异物和坏死组织，使用防腐剂及抗菌药包扎。例如，在局部应用硫酸铜和磺胺粉（1∶4）或其他抗菌药（如环丙沙星等）均有效。治疗期间，病牛所处环境保持干燥，直至痊愈。病变严重的病例，全身应用抗菌药。绷带环绕两指（趾）包扎，不要装在指（趾）间，以免影响创伤的愈合。口服硫酸锌，可增强治疗的效果。

避免运动场泥泞，在牛群用消毒剂浴蹄。用10%硫酸铜溶液置于牛舍或挤奶厅的出入口，在奶牛通过时进行浴蹄，每药浴500～1000头奶牛后更换一次药液。坏死梭杆菌仅是导致腐蹄病的常见菌，其它病原菌也可引起或参与蹄部软组织的感染。因此，疫苗预防必须与加强管理相结合。

二、弥散性无败性蹄皮炎（蹄叶炎）

弥散性无败性蹄皮炎是蹄真皮小叶的炎症。病畜通常四肢均不同程度发病，但某些牛仅表现前肢或后肢跛行，病变多以前肢的内侧指、后肢的外侧趾较明显。年轻母牛和以精料为主的牛，发病率高。

【病因】牛蹄叶炎的确切原因尚不清。依据临床资料，可能与过食碳水化合物精料、不适当运动等因素有关。蹄叶炎可能是原发性的，也可能继发于其它疾病，如严重的乳腺炎、子宫炎和酮病。

体内组织胺、内毒素和乳酸等物质过多，与蹄叶炎的发生有密切关系，它们导致蹄真皮充血、水肿、血栓形成和出血。表皮的内生角质物质缺乏，病牛出现蹄过长、蹄轮及蹄底出血等症状。

【症状与诊断】

急性蹄叶炎时，病牛运步困难，特别是在硬地上两前肢或四肢跛行明显。若仅前肢发病，站立时弓背、头颈伸直，后肢向前伸至腹下，以减轻前肢的负重；前肢向前伸出以免蹄尖负重；一些动物常用腕关节跪着采食或饮水。后肢患病时，患牛不愿站立，长时间躺卧；强迫站起时弓背，四肢集于腹下（图7-20）；病牛运步时，患蹄轻轻落地，蹄踵比蹄尖部先着地。局部症状可见蹄冠的皮肤发红，触诊病蹄可感到增温，指（趾）动脉搏动亢进。用检蹄器压迫时两指（趾）异常敏感，后肢外侧趾、前肢内侧指疼痛明显。削蹄后见蹄底角质褪色变黄，有不同程度的出血。

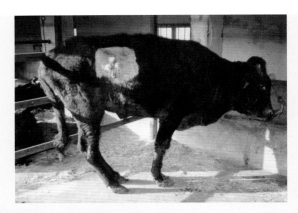

图7-20 牛四肢急性蹄叶炎的站立姿势（四肢伸入腹下）

慢性蹄叶炎，临床症状没有急性型严重，一般没有全身症状，但由于长期疼痛、多躺卧和采食能力下降，患牛体重减轻，生产能力和繁殖能力降低。由于角质层被破坏，出现异常蹄轮。患蹄角质过度生长，出现蹄变形（图7-21，视频7-3）。蹄延长，蹄前壁和蹄底形成锐角，以蹄球部负重为主，蹄底负重不确切；放射学摄片可见蹄骨明显移位（转位）、蹄底角质变薄，甚至出现蹄底穿孔。奶牛蹄的修剪方法见视频7-4。

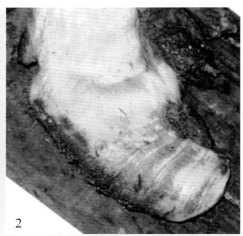

图7-21 奶牛蹄变形

1—蹄球部负重，蹄角质破裂；2—剪状蹄

视频7-3

牛蹄角质过度生长

视频7-4

奶牛蹄的修剪方法

【治疗】首先除去病因，例如，若某一牛场数头头胎奶牛发病，应对饲料配方和饲喂量做全面分析。急性蹄叶炎，可用镇痛、抗炎药物，如阿司匹林、保泰松、芬必得等，至少连续给药一周以上；用冷水浸蹄。给抗组胺制剂及皮质类固醇药物，以缓解局部的急性炎症反应，如扑尔敏、泼尼松龙。瘤胃酸中毒时，静脉内注射和口服碳酸氢钠。慢性蹄叶炎时，削蹄、护蹄，维持其蹄形（蹄角度），防止蹄底穿孔。加强护理，牛床铺有垫草，在软地面或土地面上自由运动。

三、局限性蹄皮炎（蹄底溃疡）

局限性蹄皮炎是蹄底和蹄球结合部（蹄底后1/3处）的非化脓性坏死，通常靠近蹄底轴侧缘，蹄真皮有局限性损伤和出血，后期角质有缺损。常常侵害后肢的外侧趾，后肢内侧趾和前蹄内侧指偶可发病，常左右肢同时发病。高产奶牛、产奶高峰期多发。

【病因】该病的确切原因尚不清楚。精料过多、瘤胃代谢紊乱、组胺、细菌内毒素等引起微循环不良，局部缺血性坏死，导致蹄底溃疡。或由于蹄变形，或各种原因导致病变部角质生长过度，使蹄底和蹄球结合部成为蹄负重的支撑点，深部组织发生挫伤、出血或压迫性坏死，最终引起该部的小叶层坏死，形成溃疡。

长期站立在水泥地面，或在铺炉灰渣的运动场运动，护蹄不良，牛舍或运动场过度潮湿、地面泥泞、运动场有粪便堆积或有石子、砖瓦、玻璃碎片等异物，冬天运动场有冻土块、冰块以及冻牛粪等情况下，易使牛蹄底发生损伤，促进该病的发生。饲料缺锌易发生该病。

【症状与诊断】依病程、病变的严重程度及患病指（趾）的数量不同，病牛表现轻度至重度跛行。发生于后肢外侧趾时，病牛站立或运步时患肢稍外展，以内侧的健趾负重，或倾向于用蹄尖负重，站立于排水沟沿上，踵部不负重。两侧肢患病的病例，躺卧的时间延长。

清洁蹄底、切削蹄壁后可发现病灶。早期可看到蹄底和蹄球结合部有局限性褪色、崩解，压迫时感到变软和局部有压痛，局部有出血区或坏死区（图7-22）。组织溶解后有黑色脓汁流出，有恶臭味。严重的病例，蹄角质可出现缺损，暴露出真皮，或者长出菜花样肉芽组织；感染后形成潜道或化脓性蹄皮炎，深部组织的感染可在蹄冠部形成脓肿或破溃流脓。

图7-22 奶牛局限性蹄皮炎（蹄球部与蹄底交界处坏死、糜烂）

【治疗】清蹄后，首先暴露病变组织，切除游离的角质和过剩的肉芽组织，然后用防腐剂和收敛剂包扎，如松馏油与硫酸铜粉。蹄底切削不可过度，以免延误愈合。削蹄，适当切削蹄底轴侧部及蹄球部，尽量使健康的白线部多负重，减少病变部负重。

病灶内敷用防腐剂(硫酸铜：磺胺粉或环丙沙星粉，1∶4)，并包扎防水绷带以防污染。每7～10天更换一次药物与绷带。为了避免患趾（指）负重，两指（趾）尖钻洞用金属丝固定于一起，在健指（趾）下粘一木块负重，有助于康复。治疗期间，病牛放在干燥松软的地面活动；调节饲料比例，减少精料；口服硫酸锌，每头每天5～8g，连用一周。

四、白线病

白线病是因刺创及过度生长引起的蹄壁和蹄底沿白线的分离。奶牛蹄底远轴侧白线易遭损伤，公牛则多为蹄尖部白线病。

【病因】长期站立，或采食、挤奶时间过长；瘤胃酸中毒引起生物素合成减少，使白线角质营养不良；因地面过度潮湿引起蹄角质变软；产犊期间角质生长不足使蹄底变薄等，均可引起蹄底真皮的损伤，继而导致白线病。若发生蹄变形，如卷蹄、延蹄、芜蹄，白线处易遭受刺伤，特别是牛舍和运动场潮湿、角质变软时，更易发病。

【症状与诊断】该病多侵害后肢的外侧趾。白线部受到损伤后血清渗入白线，白线变黄；血液渗入则变红。白线分离后有泥土、粪尿等异物进入，并填塞、扩张白线处的间隙（图7-23），白线处的真皮感染可向蹄冠、深部蔓延，引起蹄冠部、蹄底的脓肿和深部组织的化脓性感染；角质与真皮分离，沿白线有脓汁流出，或在冠状带处形成肿胀、破溃。病牛跛行，体重减轻，泌乳量下降。

蹄部检查时，常发现患指（趾）蹄球部肿胀，常在蹄冠部出现窦道。用检蹄器检查时患指（趾）疼痛明显。清蹄后，可明显见到黑色线条或角质坏死灶，进一步检查，可发现较深处的泥沙和渗出物混合的污物。

图7-23 奶牛白线病（蹄底与蹄侧壁分离，间隙内有粪便等异物）

【治疗】用蹄刀的一端或挖槽器探查创道，并用蹄刀从负面将裂口扩开。尽可能清除碎屑杂物。如果创道延伸，应继续探查，扩大伤口使脓汁排出，但常常不可能到达深部化脓处。在蹄底伤口处造成一个倒漏斗形的开口，彻底引流；但不要去掉过多的角质，以免影响愈合。

如果感染在蹄壁角质下，从蹄底延至冠状带，应对创道进行灌洗，并保证创道上下畅通，将异物冲洗干净。用麻丝或纱布条浸松馏油填入创道引流。每日用温10%硫酸镁溶液浸蹄1~2次，以促进引流。蹄部绷带包扎以免污染及异物进入创内。深部或蹄冠部感染时，全身应用抗菌药。

五、蹄糜烂

蹄糜烂是蹄底和球负面的角质发生坏死、糜烂，又名慢性坏死性蹄皮炎。

【病因】牛舍和运动场潮湿、泥泞，蹄长期受到粪水和尿液的浸泡并继发细菌的感染。蹄皮炎、指（趾）间皮炎与发生蹄糜烂有直接关系，一些导致蹄皮炎、指（趾）间皮炎的病因也可导致蹄糜烂，或蹄糜烂进而发展成蹄皮炎。

【症状与诊断】该病进展较慢，除非有并发症，初期较少引起跛行。初期只是底部、球部、轴侧沟的原有角质发生糜烂，出现小的深色坑，坑内呈黑色；进行性病例，坑融合到一起呈片状糜烂，外观很破碎，有时形成沟状（图7-24）。后期，感染向深部扩散，糜烂向深部延伸并暴露出真皮，时间长的可长出肉芽，病牛出现明显的跛行。糜烂可发展成潜道，偶尔在蹄球部发展成严重的糜烂，长出恶性肉芽，引起剧烈跛行。

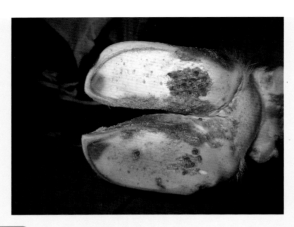

图7-24　奶牛蹄糜烂（蹄底部、蹄球部角质坏死、糜烂）

【治疗】彻底清理病蹄，削除不正常的角质。轻度病例，保持环境清洁、干燥，多可自然康复。暴露真皮的，需要彻底清创；形成潜道的，要扩开潜道，消除死腔。然后，应用硫酸铜松馏油等防腐剂油膏，绷带包扎。治疗期间，保持病牛环境清洁、干燥。

参考文献

[1] 王洪斌.家畜外科学.北京：中国农业出版社，2011.

[2] 林德贵.兽医外科手术学.北京：中国农业出版社，2011.

[3] 张海彬主译.小动物外科学.北京：中国农业大学出版社，2008.

[4] 李建基，王亨.兽医临床外科诊疗技术及图谱.北京：化学工业出版社，2012.

[5] 李建基，刘云.动物外科手术实用技术.北京：中国农业出版社，2012.

[6] 宋厚辉，王亨，邵春艳.动物医院实训教程.北京：中国林业出版社.2021